NIUTOUSHAN
ZHIWU

牛头山 植物

张秀岳　金孝锋　吴棣飞◎主编

浙江大学出版社　全国百佳图书出版单位

图书在版编目（CIP）数据

　　牛头山植物 / 张秀岳, 金孝锋, 吴棣飞主编. -- 杭州：
浙江大学出版社, 2020.1
　　ISBN 978-7-308-19691-8

　　Ⅰ.①牛… Ⅱ.①张… ②金… ③吴… Ⅲ.①国家公
园－森林公园－植物－介绍－武义县 Ⅳ.①Q948.525.54

　　中国版本图书馆 CIP 数据核字(2019)第 241447 号

牛头山植物

张秀岳　　金孝锋　　吴棣飞　　主编

责任编辑	季　峥（really @ zju.edu.cn）
责任校对	张　鸽
封面设计	海　海
排　　版	杭州兴邦电子印务有限公司
出版发行	浙江大学出版社
	（杭州市天目山路148号　邮政编码310007）
	（网址：http://www.zjupress.com）
印　　刷	浙江省邮电印刷股份有限公司
开　　本	710mm×1000mm　1/16
印　　张	23.25
字　　数	413千
版 印 次	2020年1月第1版　2020年1月第1次印刷
书　　号	ISBN 978-7-308-19691-8
定　　价	268.00元

编辑委员会

主　编

张秀岳　金孝锋　吴棣飞

副主编

谢文远　鲁益飞　陈子林　王军峰　洪　汇　金水虎

编　委（按姓氏笔画排列）

方振华　毛容武　王　泓　王　盼　王军峰　冉钰岑

叶　青　刘　军　刘丹琪　刘永娣　孙文燕　何四花

吴棣飞　张　剑　张秀岳　张雨寒　邱春荣　陈子林

陈伟杰　陈佩胜　周旭勇　周根法　周莹莹　郑世雄

金水虎　金孝锋　洪　汇　胡卫国　徐杰其　高　通

高亚红　梅旭东　谢文远　鲁益飞　蔡　鑫

摄　影

吴棣飞　谢文远　金孝锋　王军峰　刘　军　梅旭东

高亚红　鲁益飞　王　泓　陈子林　王　盼

组编单位

浙江省武义县林场

前　言

　　浙西南武义和遂昌二县交界的牛头山，为武夷山系仙霞岭山脉的延伸。主峰牛头山海拔1560米，是"金华八婺第一峰"。2005年批准设立的武义牛头山国家森林公园以牛头山命名，其位于金华市武义县西联乡，距武义县城60千米，地理位置介于东经119°26′54″～119°30′01″、北纬28°38′34″～28°41′24″。

　　牛头山属中山地貌，境内由于地形切割强烈，坡陡谷深，多断崖峭壁。其沟谷地带森林茂密，森林面积13.2769平方千米、覆盖率99%，良好的植被对水源涵养和水质净化能力强，故有"江南九寨沟"的美誉。

　　牛头山国家森林公园内的植物资源十分丰富，但相关资料甚少，除在对森林公园做总体规划时所编写的《木本植物名录》以外，几无其他报道。为充分掌握牛头山国家森林公园的植被资源现状，让更多民众能清晰地了解公园内各种植物的特性、功效及林业科普知识，武义县林场组织了林场的林业技术人员及省内相关科研院校的专家对牛头山国家森林公园及其邻近地区的维管植物和植被先后进行了10次专项调查。参加单位主要有浙江农林大学、杭州师范大学、温州市公园管理处、丽水市生态林业发展中心、浙江大盘山国家级自然保护区管理局、浙江清凉峰国家级自然保护区管理局、杭州植物园等。其中，规模较大的有2015年5月、2015年9月、2016年4—5月、2016年9月、2017年5月、2017年10月进行的森林公园内植物资源调查，2015年7月、2016年7月进行的森林公园内植被资源样地调查，2016年6月、2017年6月进行的邻近地区植物资源调查，2018年5月进行的补点调查，参加人员共80余人次。在数次调查、标本采集和鉴定基础上，汇编了《牛头山森林公园及其邻近地区维管植物名录》，共收录了925种（含种下类群和习见栽培种）维管植物，隶属158科。其中有国家重点保护一级野生植物南方红豆杉 *Taxus wallichiana* var. *mairei*、钟萼木（伯乐树）*Bretschneidera sinensis*、莼菜 *Brasenia schreberi*，国家重点保护二级野生植物长叶榧 *Torreya jackii*、香果树 *Emmenopterys henryi*、野荞麦 *Fagopyrum dibotrys*、花榈木 *Ormosia henryi*、山豆根 *Euchresta japonica* 等，并发现了新种山茶叶冬青 *Ilex camelliifolia*、新变种武义毛脉槭 *Acer pubinerve* var. *wuyiense*、新记录属种黄金水玉杯 *Thismia huangii* 等。

本书即是从《牛头山森林公园及其邻近地区维管植物名录》中遴选了部分植物，共收录了常见野生或栽培植物、珍稀或特色植物413种，其中，蕨类植物30种（18科24属），裸子植物8种（5科7属），被子植物376种（110科271属）。科的排列与《浙江植物志》（第1～7卷）一致；科内物种则按照拉丁学名的字母顺序排列；每种植物除了中文名、拉丁学名、简单形态描述、生境等外，还附图片1～3幅。科内收录种类较多时，附有分种检索表。

限于编著者水平和调查采集程度，本书错误疏漏之处难免，敬请广大读者指正。

编著者
2019年12月

目 录
CONTENTS

PTERIDOPHYTA

蕨类植物

　　又名羊齿植物,因具有维管束,开始逐步适应陆生生活,依靠孢子繁殖,并具有颈卵器结构。它既是原始的维管植物,又是高等的孢子植物,生活史中具有明显的世代交替,且孢子体占优势。

　　蕨类植物的孢子囊是由叶的表皮细胞发育而成的。它通常着生于叶的背面、边缘和叶腋,单生或集生。着生孢子囊的能育叶称为"孢子叶",在原始的类群中,孢子叶通常聚生在枝端,成穗状的孢子叶球或孢子叶穗;较进化的类群的孢子囊通常集生在一个孢子叶上,整个孢子叶特化成穗状,称为孢子囊穗;进化的类群的孢子囊通常成群聚生在一个特化的囊托上,通常称为孢子囊群;水生的真蕨类的孢子叶特化为近球形的孢子果,内有大孢子囊或小孢子囊。这些是蕨类植物系统分类的重要性状。

　　本区蕨类植物大多喜生于阴湿的林下、溪边或岩石上,有时成为森林植被中草本层的重要组成部分。

001 蛇足石杉（石杉科 Huperziaceae）

Huperzia serrata（Thunb.）Trevis.

多年生草本。茎直立或下部平卧，单一或数回二叉分枝，顶端有时有芽胞。叶螺旋状排列；叶片椭圆状披针形，先端具短尖头，基部狭楔形，边缘有不规则的尖锯齿；具短柄。孢子叶与营养叶同大同形。孢子囊肾形，腋生；孢子同型。

全草入药。

分布于林下阴湿地带。极少见。

002 灯笼草（石松科 Lycopodiaceae）
Palhinhaea cernua (L.) Franco et Vasc.

　　多年生草本。地上的主枝直立，单一，顶端常着地生根，上部多回分枝，小枝细弱。叶一型，螺旋状排列；叶片狭条状钻形，有棱，弯弓，外展或斜向上，向上渐变狭，顶端芒刺状，全缘。孢子叶穗生于小枝顶端，单一，无柄，成熟时指向下，卵球形或长圆球形，具密生的孢子叶；孢子叶三角形，先端呈芒刺状，边缘流苏状。孢子囊生于孢子叶叶腋，黄色；孢子同型。

　　生于低海拔的林缘或灌丛。少见。

003 石松（石松科 Lycopodiaceae）

Lycopodium japonicum Thunb.

多年生草本。匍匐主茎地上生，向下生出根托，向上生出侧枝；侧枝斜升，小枝连叶扁平。叶螺旋状排列，往往向两侧平展，稀疏；叶片条状钻形或披针形，背面扁平，质薄而软，顶端丝状，全缘。孢子叶穗2～6个，圆柱形，常有明显的柄；孢子叶卵状三角形，先端锐尖、具长尾，边缘具不规则锯齿。孢子囊肾形，腋生；孢子同型。

生于林缘或路边。较常见。

004 卷柏（卷柏科 Selaginellaceae）
Selaginella tamariscina（P. Beauv.）Spring

多年生草本。枝密生顶端，呈莲座状。叶二型，互生，背腹各2列成4行；叶片近革质，具膜质的边缘，先端具透明芒刺；侧叶斜展，密接而呈覆瓦状，斜圆卵形，基部两侧强烈不等，中叶略斜展，卵状披针形。孢子叶穗四棱柱形，单一，着生于小枝顶端；孢子叶卵状三角形，先端渐尖，边缘膜质，有细齿，呈龙骨状隆起。孢子囊圆肾形；孢子二型。

全草入药。

常生于崖壁岩石上。少见。

005 江南卷柏（卷柏科 Selaginellaceae）
Selaginella moellendorffii Hieron.

多年生草本。主茎直立，下部不分枝，上部分枝。叶下部一型，上部二型，背腹各2列；叶片草质，光滑；侧叶斜展，卵形或卵状三角形，基部近圆形；中叶斜卵形，基部心形。孢子叶穗四棱柱形，单生于枝顶；孢子叶卵状三角形，先端锐尖，边缘白边和细齿，背面具龙骨状隆起。孢子囊圆肾形；孢子二型。

生于路边或岩石上。常见。

006 **伏地卷柏**（卷柏科 Selaginellaceae）

Selaginella nipponica Franch. et Sav.

多年生草本。茎细弱而蔓生。叶二型；叶片薄草质，光滑；侧叶斜展，阔卵形，基部心形；中叶卵状矩圆形，基部圆形。孢子叶穗单生于枝顶；孢子叶二型，与营养叶相似，排列稀疏，先端锐尖。孢子囊卵圆形；孢子二型。

常生于路边。常见。

007 **节节草**（木贼科 Equisetaceae）

Commelina diffusa Burm. f.

多年生草本。根状茎横走，在节和根上疏生黄棕色长毛。气生茎多年生，一型，多在下部分枝。主枝有脊；鞘筒狭长，略呈漏斗状；鞘齿三角形，边缘薄膜质，有时上半部也为薄膜质；侧枝鞘齿三角形，部分宿存。孢子叶球着生于枝顶端，椭圆球形，顶端有小尖凸，无柄。孢子囊数个生于孢囊柄上；孢子一型，有弹丝。

生于路边草丛。较常见。

008 **紫萁**（紫萁科 Osmundaceae）
Osmunda japonica Thunb.

　　多年生草本。根状茎粗短,斜升。叶二型,簇生;不育叶叶片阔卵形,二回羽状,纸质,有时被绒毛,后变光滑,羽片对生,长圆形,基部1对最大,其余向上各对渐小,小羽片无柄,长圆形或长圆状披针形,先端钝或短尖,基部圆形或斜截形,边缘密生细齿,叶柄禾秆色;能育叶二回羽状,小羽片强度紧缩成线形,沿下面中脉两侧密生孢子囊。孢子囊棕色;孢子一型。

　　生于林下、路边草丛或灌丛中。常见。

009 华东瘤足蕨（瘤足蕨科 Plagiogyriaceae）

Plagiogyria japonica Nakai

　　多年生草本。叶二型，簇生；不育叶叶片近四方形，一回羽状，纸质，两面光滑，羽片互生，披针形或镰刀形，基部的略缩短，顶部的最长。能育叶一回羽状，羽片紧缩成狭条形，下面密生孢子囊。孢子囊褐绿色；孢子一型。

　　生于林下或山坡潮湿地带。较常见。

010 芒萁（里白科 Gleicheniaceae）

Dicranopteris dichotoma (Thunb.) Bernh.

　　多年生草本。根状茎横走,密被深棕色节状毛。顶芽卵形,密被深棕色节状毛,并外包1对卵状、边缘具不规则裂片或粗齿的苞片。叶远生,纸质;叶轴1～3回二叉分枝,多数2回,幼嫩时有星状、棕色的节状毛;末回羽片披针形或宽披针形,向先端变狭,尾尖,基部上侧变狭,篦齿状深羽裂达羽轴;裂片平展,先端钝;叶柄圆柱形,褐禾秆色。孢子囊群圆形,着生于基部上侧或上、下两侧小脉的弯弓处,由5～8个孢子囊组成;孢子囊陀螺形;孢子同型。

　　生于酸性土质的山坡或路边。常见。

011 里白（里白科 Gleicheniaceae）

Diplopterygium glaucum（Thunb. ex Houtt.）Nakai

多年生草本。根状茎横走，连同叶柄和叶轴密被棕色鳞片。叶远生；叶片巨大，纸质，由顶芽不断发育成新的叶轴，并在基部生出1至多对二叉状的二回羽状羽片，羽片对生，卵状长圆形，先端渐尖，小羽片多对，互生，长条状披针形，裂片多对，披针形，先端钝，全缘；叶柄长，栗褐色，顶端有1个密被棕色鳞片的大顶芽。孢子囊群圆形，生于分叉侧脉的上侧一脉，由3～4个孢子囊组成；孢子囊陀螺形；孢子同型。

生于林下或沟边林缘。常见。

012 海金沙（海金沙科 Lygodiaceae）

Lygodium japonicum（Thunb.）Sw.

多年生攀援草本。叶三回羽状，草质至纸质；羽片多数，二型，对生于叶轴的短枝上，枝的顶端有1个被黄色柔毛的休眠芽；不育羽片三角形，长、宽几相等，二回羽状，二回小羽片1～3对，互生，卵状三角形或卵状五角形，中央裂片短而宽，侧脉一或二回二叉分枝，直达锯齿，叶轴和羽轴上两侧有狭边，并被灰白色毛；能育羽片三角形，长、宽近相同，在末回小羽片或裂片边缘疏生流苏状的孢子囊穗。孢子囊大，近梨形；孢子同型。

生于路边或灌丛。常见。

013 边缘鳞盖蕨（碗蕨科 Dennstaedtiaceae）

Microlepia marginata（Houtt.）C. Chr.

多年生草本。根状茎长而横走,密被锈色长柔毛。叶远生;叶轴密被锈色开展的硬毛;叶片长圆三角形,纸质,先端渐尖,羽状深裂,基部不变狭,一回羽状;羽片基部的对生,远离,上部的互生,平展,有短柄,披针形或近镰刀状,先端渐尖,基部不等,上侧钝耳状,下侧楔形,边缘有缺刻至浅裂,裂片三角形,圆头或急尖,偏斜,全缘或有少数牙齿;叶柄深禾秆色,上面有沟,几光滑。孢子囊群圆形,每一裂片近边缘着生1～6枚;囊群盖杯形,多少被短硬毛。

生于路边或岩石上潮湿地带。较常见。

014 乌蕨（鳞始蕨科 Lindsaeaceae）

Stenoloma chusanum Ching

多年生草本。根状茎短而横走,密被褐色钻形鳞片。叶近生或近簇生;叶片披针形、卵状披针形或长圆状披针形,坚草质,无毛,先端渐尖或尾状,四回羽状;羽片15～25对,互生,卵状披针形,先端尾尖,基部楔形,有短柄,近基部的三回羽状;末回小羽片倒披针形或狭楔形,先端截形或圆截形,有不明显小牙齿,基部楔形下延;叶柄褐禾秆色,有光泽,上面有纵沟,基部被鳞片。孢子囊群生于裂片顶端的1条小脉上;囊群盖厚纸质,半杯形,近全缘或多少呈啮蚀状。

生于林缘、路边或山坡上。常见。

015

蕨（蕨科 Pteridiaceae）

Pteridium aquilinum（L.）Kuhn var. *latisculum*（Desv.）Underw.

　　多年生草本。根状茎长而横走。叶远生；叶片阔三角形或长圆状三角形，先端渐尖，基部圆楔形，三回羽状；羽片4~6对，对生或近对生，斜展，三角形，具柄，二回羽状；小羽片约10对，互生，披针形，先端尾状渐尖，基部近平截，具短柄，一回羽状；裂片10~15对，长圆形，钝头或近圆头，基部不与小羽轴合生，全缘；叶柄褐棕色或棕禾秆色，光滑，上面有浅纵沟。孢子囊沿叶缘呈线形分布；囊群盖双层。

　　幼叶叶柄可食用。

　　生于低海拔的路边草丛。常见。

016 凤尾蕨（凤尾蕨科 Pteridaceae）

Pteris cretica L. var. *nervosa* Ching et S. H. Wu

多年生草本。根状茎短，直立或斜升，先端被黑褐色鳞片。叶簇生，二型或近二型；叶片卵圆形，一回羽状；不育叶的羽片3～5对，常对生，基部1对有短柄并为二叉，向上的无柄，狭披针形或披针形，先端渐尖，基部阔楔形，叶缘有软骨质的边并有锯齿；能育叶的羽片3～5对，对生或向上渐为互生，基部1对有短柄并为二叉，偶有三叉或单一，向上的无柄，长条形，先端渐尖并有锐锯齿，基部阔楔形；叶柄禾秆色。孢子囊群生于羽片边缘；囊群盖为反卷的膜质叶缘形成。

生于路边草丛。少见。

017 凤丫蕨 （裸子蕨科 Hemionitidaceae）

Coniogramme japonica （Thunb.） Diels

多年生草本。根状茎横走,被棕色披针形鳞片。叶远生;叶片草质,长圆状三角形,二回奇数羽状;侧生羽片4～6对,互生,有柄,边缘有前伸的细锯齿,基部1对最大,卵状长圆形或阔卵形,一回奇数羽状或三出;侧生小羽片1～5对,互生,有短柄,狭长披针形,先端长尾状渐尖,基部楔形或圆楔形,边缘有前伸的细锯齿;顶生羽片与侧生羽片同形或略小;叶柄上面有纵沟,禾秆色,基部疏被鳞片,向上光滑。孢子囊群沿侧脉延伸到近叶边,无盖。

生于林下阴湿处。较少见。

018 渐尖毛蕨（金星蕨科 Thelypteridaceae）

Cyclosorus acuminatus（Houtt.）Nakai

多年生草本。根状茎长而横走,疏被棕色披针形鳞片。叶远生,叶轴和羽轴被刚毛或柔毛;叶片披针形,近纸质,上面被短粗毛,下面无腺体,先端尾状渐尖,基部略缩狭,二回羽裂;羽片15～30对,常互生,近平展,条状披针形,下部数对不缩短或略缩短,常反折,先端渐尖,基部楔形;裂片斜向上,长圆形,先端锐尖,全缘或有微齿,基部上侧1片裂片常较长,与叶轴并行;叶柄深禾秆色,基部疏被鳞片,向上略被柔毛或近无毛。孢子囊群圆形,着生于侧脉中部稍上处;囊群盖大,圆肾形,密生柔毛。

生于路边或林缘。常见。

019

延羽卵果蕨（金星蕨科 Thelypteridaceae）

Phegopteris decursive-pinnata（H. C. Hall）Fée

多年生草本。根状茎短而直立，被红棕色、具长缘毛的狭披针形鳞片。叶簇生；叶片披针形，先端渐尖并羽裂，向基部渐变狭，二回羽裂，或一回羽状而边缘具粗齿；羽片20～30对，互生，狭披针形，先端渐尖，基部阔而下延，在羽片间彼此以圆耳状或三角形的翅相连；裂片斜展，卵状三角形，钝头，全缘，向两端的羽片逐渐缩短，基部1对羽片常缩小成耳片；叶柄淡禾秆色。孢子囊群近圆形，背生于侧脉的近顶端，无盖。

生于路边或岩石上。常见。

020

倒挂铁角蕨（铁角蕨科 Aspleniaceae）

Asplenium normale D. Don

多年生草本。根状茎短，密被褐色披针形鳞片。叶簇生，叶轴栗褐色，有光泽，上面有浅沟，顶端常有芽胞；叶片披针形，草质或近纸质，无毛，基部不缩狭，一回羽状；羽片互生，长圆形或三角状长圆形，平展，彼此密接，近无柄，中部的顶端圆钝，基部不对称；叶柄栗褐色或紫黑色，有光泽，基部稍被鳞片。孢子囊群长圆形，着生于小脉中部以上，沿中脉两侧排成平行而不相等的2行；囊群盖长圆形，全缘，开向中脉。

生于林下岩石上或路边。较少见。

021 **狭翅铁角蕨**（铁角蕨科 Aspleniaceae）
Asplenium wrightii D. C. Eaton ex Hook.

　　多年生草本。根状茎短，密被条状披针形鳞片。叶簇生；叶片长圆形，纸质，两面无毛，基部不缩狭，一回羽状；羽片12～20对，互生，披针形或近镰刀形，斜展，具狭翅的短柄，先端尾状渐尖，基部不对称，呈狭翅状下延；叶柄绿褐色，上有纵沟，密被鳞片而后脱落。孢子囊群长条形，着生于小脉上侧，沿中脉两侧各排成1行；囊群盖长条形，全缘。

　　生于崖壁岩石潮湿处。较常见。

022 狗脊（乌毛蕨科 Blechnaceae）

Woodwardia japonica (L. f.) Sm.

　　多年生草本。根状茎短粗，直立或斜升，密被红棕色的披针形鳞片。叶簇生，沿叶轴和羽轴有红棕色鳞片；叶片厚纸质或近革质，两面无毛或下面有淡棕色毛，长圆形或卵状披针形，先端渐尖并为深羽裂，基部不缩狭，二回羽裂；羽片7～13对，互生或近对生，披针形，近平展或斜向上，无柄，先端渐尖，基部近对称，边缘羽裂；裂片三角形或三角状长圆形，先端尖，基部下侧的缩短或圆耳形，边缘具细锯齿；叶柄深禾秆色，密被鳞片。孢子囊群长条形，顶端向前；囊群盖长条形，直，开向中脉。

　　生于林下、林缘或路边山坡。常见。

023 刺头复叶耳蕨（鳞毛蕨科 Dryopteridaceae）
Arachniodes exilis（Hance）Ching

多年生草本。根状茎长而横走,密被棕色或棕褐色的钻形鳞片。叶远生或近生;叶片近三角形或卵状三角形,纸质,上面光滑,下面沿中脉疏生棕色小鳞片,顶部突然狭缩成三角形长渐尖头,三回羽状;羽片5～8对,互生,斜向上,有柄,基部1对较长,一回羽状;末回小羽片长圆形,先端锐尖,基部上侧略呈耳状凸起或为分离的耳片,边缘浅裂或具长芒刺状锯齿;叶柄禾秆色。孢子囊群圆形,着生于小脉顶端;囊群盖圆肾形,早落。

生于林下。较少见。

024 美丽复叶耳蕨（鳞毛蕨科Dryopteridaceae）

Arachniodes speciosa（D. Don）Ching

多年生草本。根状茎长而横走,密被深棕色鳞片。叶近生或远生;叶片近五角形,纸质,顶端狭缩成尾状,三或四回羽状;侧生羽片4~6对,互生,斜向上,有柄,基部1对最大,近三角形,基部一回小羽片伸长,下侧一片尤长,一或二回羽状;末回小羽片三角状披针形或斜方状长圆形,上侧深裂,基部不突出,下侧浅裂成粗齿或基部斜切;裂片顶端有几个芒刺状粗齿;叶柄禾秆色,基部密被鳞片。孢子囊群圆形,常着生于小脉顶端;囊群盖圆肾形,全缘。

生于林下或林缘。较常见。

025 镰羽贯众（鳞毛蕨科 Dryopteridaceae）

Cyrtomium balansae（Christ）C. Chr.

　　多年生草本。根状茎密被棕色的阔披针形鳞片。叶簇生；叶片披针形，厚革质，上面光滑，先端羽裂渐尖，一回羽状；羽片 10～15 对，互生，镰刀状斜卵形或镰刀状披针形，略斜向上，先端渐尖，基部上侧呈三角状耳形，下侧楔形，边缘略具细齿或中部以上有疏尖齿，近无柄；叶柄禾秆色。孢子囊群圆形，着生于内藏小脉中部或上部；囊群盖圆盾形，全缘。

　　生于路边林下。较常见。

026 **贯众**（鳞毛蕨科 Dryopteridaceae）

Cyrtomium fortunei J. Sm.

多年生草本。根状茎密被深褐色鳞片。叶簇生；叶片长圆状披针形或披针形，坚草质，一回羽状；羽片 10～20 对，互生，镰刀状卵形或镰刀状披针形，先端长渐尖，基部圆形或上侧呈三角状耳形，下侧斜切，边缘略具锯齿，近无柄；叶柄禾秆色，基部密被大鳞片。孢子囊群圆形，着生于内藏小脉中部或近顶部；囊群盖圆盾形，全缘。

根状茎入药。

生于路边或林缘。常见。

027 黑足鳞毛蕨（鳞毛蕨科Dryopteridaceae）

Dryopteris fuscipes C. Chr.

多年生草本。根状茎斜升或直立。叶簇生；叶片卵状长圆形，纸质，沿羽轴下面及中脉疏被棕色泡状鳞片，先端渐尖，二回羽状；羽片10～13对，对生或下部的互生，镰刀状披针形，中部以下的羽片几等大，先端长渐尖，近平展，有短柄；小羽片长圆形，先端圆钝，边缘有浅钝齿或近全缘，基部1对的下侧1片小羽片显著缩短；叶柄棕禾秆色，疏被深褐色、狭披针形或钻形的小鳞片。孢子囊群圆形，着生于小脉中部以下，靠近中脉两侧各1行；囊群盖膜质，全缘。

常生于低海拔的林下。较常见。

028 **同形鳞毛蕨**（鳞毛蕨科 Dryopteridaceae）
Dryopteris uniformis Makino

多年生草本。根状茎密被披针形鳞片。叶簇生；叶片长圆状披针形，纸质，先端急尖，二回羽状或羽裂；羽片13～20对，互生，披针形，下部的略缩短，先端渐尖，近平展，有柄；小羽片镰刀状披针形或长圆形，先端圆或钝尖，边缘有细锯齿；叶柄禾秆色，疏被黑褐色、狭披针形的鳞片。孢子囊群圆形，着生于小脉中部以下，在主脉两侧各1行；囊群盖圆肾形，宿存。

生于林下或岩石上。常见。

鳞毛蕨科常见种分种检索表

1. 叶片一回羽状；叶脉结成网状；孢子囊群通常1至多行生于中脉两侧。

  2. 叶片厚革质，顶端羽裂 ·························· 镰羽贯众 *Cyrtomium balansae*

  2. 叶片坚草质，顶端有1片单一分离的羽片 ·················· 贯众 *Cyrtomium fortunei*

1. 叶片二至四回羽状；叶脉分离；孢子囊群在中脉两侧各排成1行。

  3. 根状茎长而横走；叶远生；叶片三或四回羽状。

    4. 叶片顶端突然狭缩成长尾状；末回小羽片三角状披针形或斜方状长圆形，下侧浅裂成粗齿 ·················· 美丽复叶耳蕨 *Arachniodes speciosa*

    4. 叶片顶端渐缩成三角状的渐尖头；末回小羽片长圆形，边缘常具芒刺状锯齿 ·························· 刺头复叶耳蕨 *Arachniodes exilis*

  3. 根状茎缩短；叶簇生；叶片二回羽状。

    5. 羽轴和小羽轴被泡状鳞片；羽片上部的对生，中下部的几等大；叶片通常全部能育 ·························· 黑足鳞毛蕨 *Dryopteris fuscipes*

    5. 羽轴和小羽轴被纤维状鳞片；羽片互生，下部的常缩短；叶片下部通常不育 ·························· 同形鳞毛蕨 *Dryopteris uniformis*

029 **瓦韦**（水龙骨科 Polypodiaceae）

Lepisorus thunbergianus（Kaulf.）Ching

多年生草本。根状茎粗壮，横走，密被鳞片。叶疏生或近生；叶片条状披针形（幼时为披针形），薄革质，下面沿中脉常有小鳞片，中部或中部以上最阔，先端短渐尖或锐尖，基部渐狭而下延，全缘；叶柄短，或几无柄，禾秆色，基部被鳞片。孢子囊群大，圆形，位于中脉与叶边之间排成1行，稍近叶边，彼此分开。

生于树干上或岩石上。较常见。

030 **石韦**（水龙骨科 Polypodiaceae）

Pyrrosia lingua（Thunb.）Farw.

多年生草本。根状茎长而横走，密被盾状着生的鳞片。叶片披针形至长圆披针形，厚革质，上面疏被星芒状毛，或老时近无毛，并有小洼点，下面密被灰棕色星芒状毛，先端渐尖，基部渐狭，楔形，幼时略下延，全缘；叶柄深棕色，略呈四棱形并有浅沟，幼时被星芒状毛，基部密被鳞片，以关节与根状茎相连。孢子囊满布叶片下面的全部或上部，幼时密被星芒状毛。

生于岩石上。较常见。

裸子植物

　　裸子植物孢子体发达,茎的维管束环状排列,具形成层,次生木质部几乎全由导管组成,韧皮部只有筛胞。裸子植物依靠种子繁殖,但大多数种类的雌性繁殖器官依然保留了颈卵器。

　　裸子植物的叶大多为针形、条形、锥形或鳞形,无托叶。雌雄同株或异株。雄蕊(小孢子叶)多数排列成疏松或紧密的雄球花(小孢子叶球),每个雄蕊具1至数个花粉囊(小孢子囊),花粉(小孢子)有气囊或无气囊。雌蕊(大孢子叶)可形成雌球花(大孢子叶球),或成组、成束着生而不形成雌球花,不卷叠形成封闭的子房,胚珠生于大孢子叶腹面基部,裸露。种子裸露,不形成果实,但雌球花发育成球果。

　　本区裸子植物野生种类较少,杉木、黄山松、柳杉等有大面积栽培供材用,银杏、水杉则作为园林植物栽培。

031 银杏（银杏科 Ginkgoaceae）

Ginkgo biloba L.

落叶乔木,雌雄异株。叶在一年生长枝上螺旋状散生,在短枝上3～8枚叶呈簇生状;叶片常为扇形,先端常2裂,基部宽楔形;有长柄。球花单生,生于短枝顶端的叶腋内,呈簇生状;雄球花4～6枚簇生,呈菜荑花序状,雄蕊多数,花药2室,药室纵裂,花丝短;雌球花具长梗,梗端常分两叉,叉顶各具1枚珠座,内含1枚直生胚珠。种子椭圆球形至近圆球形。

区内栽培,作行道树。

032 ## 马尾松（松科 Pinaceae）
Pinus massoniana Lamb.

常绿乔木。叶螺旋状着生,针形,常两针一束,细柔,边缘有细锯齿。雄球花圆柱形,淡红褐色,聚生于新枝下部苞腋,呈穗状;雌球花单生或2～4个聚生于新枝近顶端,淡紫红色。球果长卵球形或卵圆球形;种子具翅。

为良好的用材树种。

区内常见。

033 **黄山松**（松科 Pinaceae）

Pinus taiwanensis Hayata

常绿乔木。叶螺旋状着生，针形，2针1束，稍硬直；边缘有细锯齿。雄球花圆柱形，淡红褐色，聚生于新枝下部，呈短穗状；雌球花生于新枝近顶端，淡紫红色。球果卵圆球形；种子倒卵状椭圆形，具不规则的红褐色斑纹，具翅。

生于海拔800m以上的山坡。常见。

034 柳杉 (杉科 Taxodiaceae)

Cryptomeria fortunei Otto et A. Dietr.

　　常绿乔木。叶锥形,略呈螺旋状5列排列。雌雄同株;雄球花单生于叶腋,呈穗状花序状,雄蕊多数;雌球花单生于枝顶,稀数个集生。球果近球形,近无柄,直立;种子近椭圆形,边缘有窄翅。

　　常见栽培。

035 ## 杉木（杉科 Taxodiaceae）

Cunninghamia lanceolata（Lamb.）Hook.

常绿乔木。叶螺旋状排列；叶片革质，披针形或线状披针形，先端急尖，基部下延，边缘有细齿。雌雄同株；雄球花簇生于枝顶，雄蕊多数，螺旋状着生；雌球花单生或集生于枝顶。球果卵圆形或近球形。

常见栽培。

036 三尖杉（三尖杉科 Cephalotaxaceae）

Cephalotaxus fortunei Hook.

常绿乔木或小乔木。叶排成2列；叶片披针状线形，常微弯，先端长渐尖，基部楔形或宽楔形。球花单性，雌雄异株，稀同株；雄球花聚生成头状，单生于叶腋；每一雄球花有雄蕊6～16枚；雌球花具柄。种子椭圆状卵球形，先端有小尖头。

生于沟边林下。少见。

037 南方红豆杉（红豆杉科 Taxaceae）

Taxus wallichiana Zucc. var. *mairei* (Lemee et H. Lév.) L. K. Fu et Nan Li

常绿乔木。叶螺旋状排列，基部扭转排成2列；叶片多呈镰状，上部渐窄，先端渐尖，下面中脉带上无或局部有成片或零星的角质乳头状凸起。雌雄异株；球花单生于叶腋；每一雄球花具雄蕊6～14枚。假种皮成熟时鲜红色，种子倒卵圆球形。

国家一级保护植物。

生于沟边林下。较少见。

038 长叶榧（红豆杉科 Taxaceae）

Torreya jackii Chun

常绿小乔木至乔木。叶交互对生，基部扭转排成2列；叶片线状披针形，上部渐窄，先端具渐尖的刺状尖头，基部楔形。雌雄异株，稀同株；雄球花单生于叶腋，雄蕊4～8轮，每轮4枚；雌球花成对生于叶腋。种子倒卵圆球形，有白粉，先端有小尖头。

国家二级保护植物。

生于沟边石壁上。少见。

被子植物

　　被子植物是现代植物界中发展到最高阶段、具有高度适应能力的植物。其孢子体极为发达,器官与组织有了更进一步的分化。木质部不仅有管胞,而且有更进化的导管;韧皮部中出现了筛管与伴胞。出现了各种不同的生活类型,如木本的与草本的、多年生的与一年生的、常绿的与落叶的等,加强了其适应能力。

　　被子植物具有真正的花。花由花萼、花瓣、雄蕊(小孢子叶)和雌蕊(大孢子叶)组成。雌蕊是由心皮(大孢子叶)包裹着胚珠(大孢子囊)组成。花粉粒(1个核时为小孢子,分裂后为雄配子体),落到柱头上而不直接与胚珠接触。配子体进一步退化:雄配子体(成熟花粉粒)仅由2或3个细胞组成;雌配子体(胚囊)仅由7个细胞组成,不形成颈卵器。出现了双受精过程,胚乳由极核细胞受精而来,为新的三倍体组织。形成果实,更好地保护幼胚。

　　被子植物是植物界进化最高级、种类最多、分布最广、适应性最强的门类。

039 **蕺菜**（三白草科 Saururaceae）

Houttuynia cordata Thunb.

多年生草本，有腥臭味。茎下部伏地，上部直立。单叶互生；叶片薄纸质，心形或宽卵形，顶端渐尖，全缘，上面密生细腺点，下面细腺点尤甚，脉上生柔毛；托叶膜质，阔线形，下部与叶柄合生或鞘状。穗状花序生于茎顶，或与叶对生，基部有4枚白色花瓣状总苞片；花小，无花被；雄蕊3枚，花丝下部与子房合生；子房上位，花柱3枚，分离。蒴果，顶端开裂。

生于路边或沟边。较少见。

040 **草珊瑚**（金粟兰科 Chloranthaceae）

Sarcandra glabra（Thunb.）Nakai

常绿亚灌木。根茎粗壮，茎、枝具膨大的节，有棱和沟。单叶对生；叶片革质，卵状披针形至椭圆状卵形，先端渐尖，基部楔形，边缘具粗锐锯齿；叶柄短，基部合生成鞘状；托叶钻形。穗状花序顶生；花小，两性，无花被；苞片三角形；雄蕊1枚，花药2室；雌蕊1枚，由1枚心皮组成，无花柱，柱头近头状。核果球形。

生于林下湿处。少见。

041 **银叶柳**（杨柳科 Salicaceae）

Salix chienii W. C. Cheng

　　落叶乔木。小枝幼时有短柔毛，后无毛。单叶互生；叶长椭圆形或披针形，先端渐尖至钝尖，基部宽楔状至圆形，幼叶两面有毛，老叶下面有绢质贴伏的长柔毛，边缘有细浅锯齿；叶柄短，被绢状毛。柔荑花序；雄蕊2枚，花丝基部合生，有毛；雌蕊由2枚心皮组成，柱头两裂。蒴果卵状长圆形。

　　生于溪沟边。少见。

042 **杨梅**（杨梅科 Myriaceae）
Myrica rubra（Lour.）Siebold et Zucc.

　　常绿乔木或灌木。单叶互生，常集生于枝顶；叶片革质；萌芽枝及幼树上叶长椭圆形或楔状披针形，先端渐尖或急尖，基部楔形，边缘中部以上具稀疏的锐锯齿，中部以下常为全缘；孕性枝上叶楔状倒卵形或长椭圆状倒卵形，先端圆钝或急尖，基部楔形，常全缘。花雌雄异株；雄花序单生或丛生于叶腋，呈单穗状，雄蕊4～6枚；雌花序单生于叶腋，花柱极短，柱头2。核果球状，外表面具乳头状凸起。

　　生于林中或路边。较常见。

043 青钱柳（胡桃科 Julandaceae）
Cyclocarya paliurus（Batal.）Iljinsk.

　　落叶乔木。奇数羽状复叶，互生；叶片椭圆形或长椭圆状披针形，先端渐尖，基部偏斜，边缘有细锯齿。花雌雄同株；柔荑花序；雄花序集生于花序总梗，雄花具2枚小苞片和2或3枚花被片，小苞片及花被片无区别，雄蕊26～31枚；雌花序单生于枝顶，雌花具2枚小苞片及4枚花被片，柱头2。坚果具圆盘状翅。

　　生于沟边。少见。

044 化香树（胡桃科 Julandaceae）
Platycarya strobilacea Siebold et Zucc.

　　落叶乔木。奇数羽状复叶或单叶，小叶对生或上部互生；叶片卵状披针形或椭圆状披针形，先端渐尖，基部近圆形偏斜，边缘有细尖重锯齿。花单性，雌雄同株；菜荑花序，伞房状排列于枝顶；无花被片；雄花具8～10枚雄蕊；雌花之雌蕊与小苞片合生，花柱短，柱头2。小坚果连翅近圆形或倒卵状长圆形。

　　生于山坡或路边。常见。

045 枫杨（胡桃科 Julandaceae）
Pterocarya stenoptera C. DC.

　　落叶乔木。偶数稀奇数羽状复叶，互生；叶片长椭圆形或长圆状披针形，先端短尖或钝，基部偏斜，边缘有细锯齿，下面沿脉有褐色毛。花单性，雌雄同株；菜荑花序；雄花序单生于叶痕腋部，雄花具1～4枚花被片，雄蕊6～18枚；雌花序单生于新枝顶，雌花具1枚花被片，花柱短，柱头2。坚果长圆形至长椭圆状披针形，具翅。

　　生于沟边或路边。常见。

046 雷公鹅耳枥（桦木科 Betulaceae）

Carpinus viminea Wall. ex Lindl.

落叶乔木。单叶互生；叶片椭圆形、长圆形至卵状披针形，先端细长渐尖或尾状渐尖，基部微心形或圆形，边缘有重锯齿，下面沿脉有长柔毛，脉腋间具簇毛。花单性，雌雄同株；雄花无花被片，有一簇毛；雌花具花被片。小坚果卵球形，具翅。

生于林中。较少见。

047 板栗（壳斗科 Fagaceae）

Castanea mollissima Blume

落叶乔木。幼枝具毛。单叶互生；叶片长椭圆形至长椭圆状披针形，先端短渐尖，基部圆形或宽楔形，下面被灰白色星状短绒毛。雄花序腋生，葇荑花序，花萼6裂，雄蕊10～20枚；雌花生于雄花序基部，花萼6裂，花柱6～9枚。壳斗密生刺，内有2或3枚坚果。

常见栽培。

048 茅栗（壳斗科Fagaceae）
Castanea seguinii Dode

　　落叶乔木。幼枝有毛。单叶互生；叶片倒卵状长椭圆形或长椭圆形，边缘有具短芒尖锯齿。雄花序腋生，葇荑花序，花萼6裂，雄蕊10～20枚；雌花着生于雄花序基部，花萼6裂，花柱6～9枚。壳斗密生刺。坚果扁球形。

　　生于路边或林缘。较常见。

049 甜槠（壳斗科 Fagaceae）

Castanopsis eyrei（Champ. ex Benth.）Tutch.

　　常绿乔木。单叶互生；叶片卵形至卵状披针形，先端尾尖或渐尖，基部宽楔形或圆形，歪斜，全缘或近先端有1～3对疏锯齿。菜荑花序；雄蕊10～12枚；花柱2或3枚。壳斗卵球形，苞片刺形。坚果宽卵球形至近球形。

　　生于山坡。常见。

050 栲树（壳斗科 Fagaceae）

Castanopsis fargesii Franch.

　　常绿乔木。单叶互生；叶片长椭圆形至椭圆状披针形，先端渐尖，基部楔形或圆形，稍歪斜，全缘或先端具1～3对浅齿。菜荑花序；雄花序圆锥状，雄蕊10～12枚；花柱3枚。壳斗近球形，苞片针刺形。坚果球形。

　　生于林中。较常见。

051 苦槠（壳斗科 Fagaceae）

Castanopsis sclerophylla（Lindl. et Paxton）Schottky

常绿乔木。单叶互生；叶片厚革质，长椭圆形至卵状长圆形，先端短尖至狭长渐尖，基部宽楔形至近圆形，边缘中部以上疏生锐锯齿。葇荑花序；雄蕊 10～12 枚；雌花单生于总苞内，花柱 3 枚。壳斗深杯形，几乎全包坚果，苞片顶端针刺形。坚果近球形。

生于路边山坡或林中。常见。

052 青冈栎（壳斗科 Fagaceae）

Cyclobalanopsis glauca（Thunb.）Oerst.

常绿乔木。单叶互生；叶片倒卵状椭圆形或椭圆形，先端渐尖，基部近圆形或宽楔形，中部以上有锯齿，下面被毛。花单性同株；雄花序为葇荑花序，雄蕊常与花被裂片同数；雌花序短穗状，雌花单生于总苞内。壳斗碗形，苞片合生成全缘环带。坚果卵球形。

生于林中或路边。常见。

053 石栎（壳斗科 Fagaceae）

Lithocarpus glaber（Thunb.）Nakai

常绿乔木。单叶互生；叶片椭圆形或长椭圆状披针形，先端渐尖，基部楔形，全缘稀近顶端两侧各具1～3对锯齿。葇荑花序；雄花序轴有短绒毛，雄花3或4朵簇生，花被杯状，雄蕊10～12枚；花柱3枚。壳斗浅碗形，苞片三角形。坚果卵球形或椭球形。

生于林中。较常见。

054 短尾柯（壳斗科 Fagaceae）
Lithocarpus brevicaudatus（Skan）Hayata

常绿乔木。芽具长柔毛。单叶互生；叶片硬革质，长椭圆形或长椭圆状披针形，先端渐尖或钝尖，基部楔形，全缘。葇荑花序；雄花序圆锥状，花序轴密被灰黄色短细毛，雄花3或4朵簇生，花被杯状，雄蕊10～12枚；花柱3枚。壳斗浅盘形，苞片三角形。坚果卵球形或近球形。

生于林中或路边。常见。

055 白栎（壳斗科 Fagaceae）
Quercus fabri Hance

落叶乔木。小枝被褐色毛，后渐脱落。单叶互生；叶片纸质或薄革质，倒卵形或倒卵状椭圆形，先端钝，基部楔形，边缘具波状钝齿，幼时两面均被灰黄色星状绒毛，后变仅下面有毛；叶柄被毛。雄花序为葇荑花序，雄花雄蕊6枚；雌花单生、簇生或排成直立穗状。壳斗碗形，苞片卵状披针形。坚果长椭球形。

生于林缘或路边。常见。

056 **短柄枹**（壳斗科 Fagaceae）

Quercus glandulifera Bl. var. *brevipetiolata*（DC.）Nakai

　　落叶乔木。单叶互生；叶片纸质或薄革质，长椭圆状倒披针形或椭圆状倒卵形，先端渐尖，基部楔形，边缘有锯齿。雄花序为荑荑花序，雄花雄蕊6枚；雌花单生、簇生或排成直立穗状。壳斗杯形，苞片卵状三角形。坚果椭球形。

　　生于林中或路边。常见。

057 乌冈栎 (壳斗科 Fagaceae)

Quercus phillyreoides A. Gray

　　常绿灌木或小乔木。小枝具星状短绒
毛。单叶互生；叶片革质，椭圆形或倒卵状椭圆形，
先端钝圆、急尖或短渐尖，基部近圆形或浅心形，边缘有细密浅
锯齿；叶柄被褐色星状绒毛。雄花序为葇荑花序，雄花具雄蕊6枚；雌花单生、簇生
或排成直立穗状。壳斗杯形，苞片宽卵形。坚果卵状椭球形至长椭球形。

　　生于土壤贫瘠、多岩石的山坡、山冈或悬崖上。常见。

壳斗科常见种分种检索表

1. 叶片边缘锯齿先端具芒刺;壳斗内具2或3枚坚果。

  2. 叶片背面被星状毛;叶柄长1～2cm;坚果直径2cm以上(栽培) ………………………………………………………………………… 板栗 *Castanea mollissima*

  2. 叶片背面被黄褐色腺鳞;叶柄长6～7mm;坚果直径1.5cm以下 …………………………………………………………………… 茅栗 *Castanea seguinii*

1. 叶片边缘具锯齿、细锯齿或波状齿,无芒刺;壳斗内具1枚坚果。

  3. 壳斗全包坚果。

    4. 壳斗的苞片鳞片状 ……………………………… 苦槠 *Castanopsis sclerophylla*

    4. 壳斗的苞片刺状。

      5. 叶片背面光亮、无毛,侧脉8～10对,基部明显歪斜……… 甜槠 *Castanopsis eyrei*

      5. 叶片背面密生锈褐色鳞秕,侧脉10～15对,基部稍歪斜 ………………………………………………………………… 栲树 *Castanopsis fargesii*

  3. 壳斗部分包着坚果。

    6. 常绿性。

      7. 叶片全缘;壳斗的苞片鳞片状。

        8. 小枝密被灰黄色细绒毛;坚果直径1～1.5cm……… 石栎 *Lithocarpus glaber*

        8. 小枝无毛;坚果直径1.6～2cm……………… 短尾柯 *Lithocarpus brevicaudatus*

      7. 叶片具细浅锯齿或中部以上具锯齿;壳斗的苞片鳞片状或结成同心环带。

        9. 叶片下面被白粉,边缘中部以上具锯齿;壳斗的苞片结成同心环带 ………………………………………………………… 青冈栎 *Cyclobalanopsis glauca*

        9. 叶片下面光亮,无白粉亦无毛,边缘具细密浅锯齿;壳斗的苞片鳞片状 ………………………………………………………… 乌冈栎 *Quercus phillyreoides*

    6. 落叶性。

     10. 叶片倒卵形或倒卵状椭圆形,边缘具波状齿 ……… 白栎 *Quercus fabri*

     10. 叶片长椭圆状倒披针形或椭圆状倒卵形,边缘有锯齿,齿端具腺体 ………………………………… 短柄枹 *Quercus glandulifera* var. *brevipetiolata*

058 **朴树**（榆科 Ulmaceae）

Celtis tetrandra Roxb. subsp. *sinensis*（Pers.）Y. C. Tang

落叶乔木。小枝密被毛。单叶互生；叶片宽卵形、长卵状椭圆形，先端急尖，基部圆形偏斜，边缘中部以上具疏浅锯齿，下面叶脉及脉腋生毛；叶柄被柔毛。花杂性同株；雄花生于新枝下部；两性花1～3朵生于新枝上部叶腋。核果近球形。

生于路边林缘。较常见。

059 **山油麻**（榆科 Ulmaceae）

Trema cannabina Lour. var. *dielsiana*（Hand.-Mazz.）C. J. Chen

常绿或落叶小乔木或灌木。小枝密被粗毛。单叶互生；叶片薄纸质，卵形或卵状长圆形或卵状披针形，先端尾尖，基部圆形或浅心形，边缘具较细的单锯齿；叶柄被较长硬毛。聚伞花序腋生，花单性或杂性同株；雄花具4或5枚雄蕊，外面被粗毛；雌花柱头2。核果近球形，微压扁。

生于溪沟边。较常见。

060 **榔榆**（榆科 Ulmaceae）

Ulmus parvifolia Jacq.

落叶乔木。小枝被柔毛。单叶互生;叶片窄椭圆形、卵形或倒卵形,先端短尖或略钝,基部偏斜,边缘具单锯齿。花两性,簇生于叶腋,聚伞花序、短聚伞花序或总状聚伞花序;花萼4裂,柱头2,被毛。翅果椭圆形或卵形。

生于路边。常见。

061 **小构树**（桑科 Moraceae）

Broussonetia kazinoki Siebold

落叶灌木,或有时蔓生。小枝幼时有细柔毛。单叶互生;叶片卵形或长卵形,先端长渐尖,基部圆,边缘有锯齿,上面具糙伏毛,下面有细柔毛。花单性,雌雄同株,组成头状花序;雄花外被毛,雄蕊3或4枚;雌花柱头2,一长一短。聚花果球形,由小核果组成。

生于路边或林缘。较常见。

062 天仙果（桑科 Moraceae）

Ficus erecta Thunb. var. *beecheyana*（Hook. et Arn.）King

落叶小乔木或灌木。小枝和叶柄密被硬毛。单叶互生，稀对生；叶片厚革质，倒卵状椭圆形或长圆形，先端渐尖，基部圆形或浅心形，全缘，稀叶上部有疏齿；叶柄密被灰白色短硬毛。雌雄同株，隐头花序单生或成对腋生；雄花雄蕊2或3枚。隐花果近圆形；瘦果三角形。

生于溪沟边。常见。

063 珍珠莲（桑科 Moraceae）

Ficus sarmentosa Buch.-Ham. ex. Sm. var. *henryi*（King ex Oliv.）Corner

常绿攀援或匍匐藤状灌木。幼枝密被褐色长柔毛。单叶互生；叶片革质，椭圆形或卵状椭圆形，先端渐尖或尾尖，基部圆形或宽楔形，全缘或微波状，下面密被褐色柔毛或长柔毛。雌雄同株，隐头花序单生或成对腋生；雄花的雄蕊2枚。隐花果圆卵球形或圆锥形。

生于路边岩石上。较常见。

064 苎麻（荨麻科 Urticaceae）

Boehmeria nivea（L.）Gaudich.

落叶半灌木。根状茎横生。小枝、叶柄密生灰白色、开展的长硬毛。单叶互生；叶片宽卵形或卵形，先端渐尖或具尾状尖，基部宽楔形或截形，边缘具三角形的粗锯齿，基脉三出；托叶离生，早落。花单性同株，团伞花序圆锥状；雄花序生于雌花序之下，雄花花被片4枚；雌花花被管状，先端2～4齿裂。瘦果椭球形，为宿存的花被所包。

生于路边或溪沟边。常见。

065 悬铃叶苎麻（荨麻科 Urticaceae）

Boehmeria tricuspis（Hance）Makino

多年生草本。茎直立，密生褐色或灰色细伏毛。单叶对生；叶片宽卵形或近圆形，先端3裂，裂片骤尖或尾状尖，基部圆形至截形，边缘具不整齐的粗锯齿或重锯齿，基脉三出；托叶卵状披针形。雌雄同株，团伞花序呈腋生的长穗状；雄花序生于下部叶腋，雄花花被片4枚；雌花序生于上部叶腋，雌花花被管状。瘦果倒卵形，为宿存的花被所包。

生于沟边。较常见。

066 糯米团（荨麻科 Urticaceae）

Gonostegia hirta（Blume ex Hassk.）Miq.

多年生草本。茎匍匐或斜升，被白色短柔毛。单叶对生；叶片卵形或卵状披针形，先端渐尖，基部圆形或浅心形，全缘，基脉三出，侧生两脉直达叶尖；叶柄短或近无柄。花单性同株；雄花簇生于上部叶腋，花被片5枚；雌花簇生于下部叶腋，花被管状。瘦果三角状卵球形，为宿存的花被所包。

全草入药。

生于路边草丛或溪沟边。常见。

067 **毛花点草**（荨麻科 Urticaceae）

Nanocnide lobata Wedd.

　　多年生草木。茎由基部分枝,生有向下弯曲的柔毛。单叶互生;叶片卵形或三角状卵形,先端钝圆,基部宽楔形至浅心形,边缘有粗钝的牙齿,基脉三出。花单性同株;雄花序生于枝梢叶腋,雄花花被片5枚,雄蕊5枚;雌花序生于上部或枝梢叶腋,雌花花被片4枚,卵形或狭卵形。瘦果卵球形,具点状凸起。

　　生于路边或草丛。常见。

068 紫麻（荨麻科 Urticaceae）

Oreocnide frutescens (Thunb.) Miq.

落叶小灌木。小枝幼时被短柔毛。单叶互生；叶片卵形至狭卵形，先端渐尖或尾尖，基部近圆形或宽楔形，边缘有锯齿，下面具交织的白色柔毛或短绒毛。花单性，雌雄异株，头状团伞花序；雄花序腋生，雄花花被片3枚，雄蕊3枚；雌花序近球形，雌花被管状。瘦果扁卵球形。

生于溪沟边林缘或林下。较常见。

069 山椒草（荨麻科 Urticaceae）

Pellionia minima Makino

多年生草本。茎下部匍匐，上部斜升。单叶互生；叶片卵形，先端钝圆，边缘自基部以上有圆锯齿，近离基三出脉；叶柄短；托叶钻形。花单性，雌雄异株；雄花序聚伞状，雄花花被片5枚，雄蕊5枚；雌花序为团伞花序，雌花花被片5枚，子房椭球形。瘦果小，椭球形，表面生有小瘤状凸起。

生于溪沟边草丛。较常见。

070 赤车（荨麻科 Urticaceae）

Pellionia radicans（Siebold et Zucc.）Wedd.

多年生肉质草本。茎下部匍匐，具不定根，上部渐升。单叶互生；叶片卵形或狭椭圆形，茎下部叶较小，向上逐渐变大，先端渐尖至长渐尖，基部极偏斜，边缘具浅锯齿；托叶钻形。花单性异株；雄花序聚伞状，雄花花被片5枚，狭长椭圆形或披针形，不等大；雌花序为团伞花序。瘦果卵球形，表面有小瘤点，为宿存的花被片所包。

生于溪沟边草丛或岩石上。较常见。

071 齿叶矮冷水花（荨麻科 Urticaceae）

Pilea peploides（Gaud.）Hook. et Arn. var. *major* Wedd.

一年生肉质草本。茎多分枝，无毛。单叶对生；叶片圆菱形，先端圆钝，基部常宽楔形，边缘在基部或中部以上具浅钝牙齿，两面横生钟乳体，下面具暗紫色或褐色腺点，基脉三出。花常雌雄同序；聚伞花序，雄花花被片4枚，雄蕊4枚；雌花花被片3枚，不等大，子房卵球形。瘦果宽卵球形，压扁，有稀疏疣点。

生于溪沟边岩石上。较常见。

072 三角叶冷水花（荨麻科 Urticaceae）

Pilea swinglei Merr.

一年生稍肉质草本。茎基部匍匐，少分枝。单叶对生；叶片干时薄纸质，三角形或三角状卵形，同对叶稍不等大，基部宽楔形，圆形或微心形，边缘疏生粗锯齿，基脉三出；托叶半圆形，早落。花单性，雌雄同株或异株，团伞花序腋生；雄花序单生，雌花序双生；雄花被片4枚，雄蕊4枚；雌花花被片3枚，不等大。瘦果卵球形，熟时近边缘有1圈间断条纹。

生于溪沟边岩石上。较常见。

荨麻科常见种分种检索表

1. 落叶小灌木或多年生草本;植株较高大,通常高50cm以上。

  2. 雌花花被片管状或杯状,果时肉质增大 ·········· 紫麻 *Oreocnide frutescens*

  2. 雌花花被片管状;果实干燥,不增大。

    3. 叶互生,先端渐尖,下面具白色交织的绒毛;小枝被开展的长硬毛 ··············
      ·································· 苎麻 *Boehmeria nivea*

    3. 叶对生,先端3裂,下面具糙伏毛及钟乳体;小枝密生细伏毛··············
      ·························· 悬铃叶苎麻 *Boehmeria tricuspis*

1. 一年生或多年生草本;植株矮小,高不超过20cm,或呈蔓生状。

  4. 叶互生。

    5. 茎具倒向刺毛;雌花花被片4枚·········· 毛花点草 *Nanocnide lobata*

    5. 茎无毛;雌花花被片5枚。

      6. 叶片卵形或狭椭圆形,长2cm以上,先端渐尖或长渐尖 ··············
        ·································· 赤车 *Pellionia radicans*

      6. 叶片卵形,长1.5cm以下,先端圆钝 ·········· 山椒草 *Pellionia minima*

  4. 叶对生。

    7. 茎具白色短柔毛;叶片卵形或卵状披针形,基部圆形或浅心形 ··············
      ·································· 糯米团 *Gonostegia hirta*

    7. 茎无毛;叶片圆菱形、三角形或三角状卵形,基部常宽楔形。

      8. 叶片圆菱形,下面具暗紫色或褐色腺点 ··············
        ·································· 齿叶矮冷水花 *Pilea peploides* var. *major*

      8. 叶片三角形或三角状卵形,下面具蜂窝状凹穴 ··· 三角叶冷水花 *Pilea swinglei*

073 青皮木（铁青树科 Olacaceae）

Schoepfia jasminodora Siebold et Zucc.

落叶小乔木。单叶互生；叶片纸质，卵形至卵状披针形，先端渐尖或近尾尖，基部圆形或近截形，全缘。聚伞状总状花序腋生；花萼杯状，宿存；花冠钟状，4或5裂，子房半下位，柱头3。核果椭球形。

生于林中或沟边林缘。少见。

074 管花马兜铃（马兜铃科 Aristolochiaceae）

Aristolochia tubiflora Dunn

多年生缠绕草木。茎具纵沟。单叶互生；叶片纸质，三角状心形或圆心形，先端钝或急尖。花单生于叶腋，或2或3朵排列成腋生总状花序，花被筒直或稍曲折，基部膨大成球形，檐部舌片三角状披针形，先端圆钝或微凹；雄蕊6枚；花柱先端6裂。蒴果圆柱形或倒卵球形，成熟时中部以下连同果梗一起开裂成提篮状。种子多数。

生于路边或灌丛。较常见。

075 **金线草**（蓼科 Polygonaceae）

Antenoron filiforme（Thunb.）Roberty et Vautier

多年生草本。全株密被粗伏毛。地下根状茎结节状，茎直立，节稍膨大。单叶互生；叶片椭圆形或倒卵形，先端急尖或短渐尖，基部宽楔形，全缘；托叶鞘筒状，顶端截形。花排列成稀疏、瘦长的顶生穗状花序，苞片斜漏斗状；花被4深裂；雄蕊5枚，内藏；花柱2。瘦果椭球形，双凸镜状，外包宿存花被。

生于沟边或林下阴湿处。常见。

076 何首乌（蓼科 Polygonaceae）

Fallopia multiflora（Thunb.）Haraldson

多年生无毛缠绕草本。具肥大不整齐纺锤状根。茎细长，上部多分枝。单叶互生；叶片狭卵形至心形，先端急尖或长渐尖，基部心形，边缘略呈波状；托叶鞘干膜质，筒状。顶生或腋生圆锥花序大而开展；苞片卵状披针形；花被5深裂，裂片大小不等，外面3片背部具翼，下延至果梗；雄蕊8枚；柱头3。瘦果三棱形，藏于翼状的花被内。

块根入药。

生于路边或草丛。常见。

077 **马蓼**（蓼科 Polygonaceae）

Polygonum longisetum Bruijn

　　一年生无毛草本。茎直立，有分枝，下部有时伏卧，节上生不定根，节部略膨大。单叶互生；叶片披针形或长圆状披针形，先端渐尖而稍钝，基部楔形；托叶鞘膜质，筒状，疏被短伏毛。顶生或腋生穗状花序较粗壮；苞片斜漏斗状；花被5深裂，裂片长圆形；雄蕊8枚；花柱3。瘦果三棱形，包藏在宿存花被内。

　　生于路边或沟边。常见。

078 **尼泊尔蓼**（蓼科 Polygonaceae）

Polygonum nepalense Meisn.

　　一年生草本。茎多分枝。单叶互生；叶片卵形或三角状卵形，先端渐尖或急尖，基部截形或圆形，沿叶柄下延成翅状或耳垂形抱茎，边缘微波状，下面常密生黄色腺点；托叶鞘筒状，斜截形。头状花序顶生或腋生；苞片卵状椭圆形；花被4裂，雄蕊5或6枚；花柱2裂，柱头头状。瘦果圆卵形，双凸镜状，包藏在宿存花被内。

　　生于草丛。较常见。

079 **杠板归**（蓼科 Polygonaceae）

Polygonum perfoliatum L.

多年生无毛蔓性草本。茎、叶柄及叶片下面脉上常具倒生钩刺。茎具4条棱。单叶互生；叶片三角形，先端急尖或钝圆，基部截形或微心形；托叶鞘贯茎，绿色叶状，近圆形；叶柄盾状着生。穗状花序短；苞片圆形或宽卵形；花被5深裂；雄蕊8枚；花柱3枚，中部以上合生。瘦果圆球形，外包肉质增大蓝黑色花被。

全草入药。

生于路边或草丛。常见。

080 虎杖（蓼科 Polygonaceae）

Reynoutria japonica Houtt.

多年生无毛草本或呈半灌木状。茎粗壮直立，节间中空。单叶互生；叶片宽卵形或近圆形，先端短凸尖，基部圆形、截形或宽楔形，全缘；托叶鞘膜质，圆筒形，易破裂脱落。花单性，雌雄异株，呈开展的圆锥花序；苞片漏斗状；花被5深裂；雄蕊8枚；花柱3。瘦果卵状三棱形，全部包藏于翼状扩大的花被内。

根、茎入药。

生于路边草丛。较常见。

081 酸模（蓼科 Polygonaceae）

Rumex acetosa L.

多年生有酸味草本。茎直立中空。单叶互生；基生叶片宽披针形至卵状长圆形，先端钝或急尖，基部箭形，全缘，有时微波状，下面及叶缘常具乳头状凸起；茎生叶向上逐渐变小，具短柄或抱茎；托叶鞘膜质，易破裂。花单性，雌雄异株；花轮排列成圆锥花序；花被片6枚；雄蕊6枚；柱头3。瘦果椭球形。

生于沟边。常见。

082 **羊蹄**（蓼科 Polygonaceae）

Rumex japonicus Houtt.

　　多年生无毛草本。茎粗壮,常不分枝。单叶互生;基生叶具长柄,叶片卵状长圆形至狭长椭圆形,先端稍钝,基部心形,边缘波状;茎生的上部叶片较小而狭,基部楔形,具短柄或近无柄;托叶鞘膜质,筒状,易破裂。花两性,花轮密集成狭长圆锥花序,下部花轮夹杂有叶;花被片6枚;雄蕊6枚;柱头3。瘦果宽卵球形。

　　生于沟边或草丛。常见。

蓼科常见种分种检索表

1. 花被片4或5枚;雄蕊8枚,稀5或6枚。
    2. 植株全株密被粗伏毛;花被片4枚;雄蕊5枚 ················ 金线草 *Antenoron filiforme*
    2. 植株茎常无毛,或仅茎生具毛;花被片5枚,稀4枚;雄蕊8枚,稀5或6枚。
        3. 蔓性或缠绕草本。
            4. 缠绕草本,无毛;托叶鞘筒状;根肥大 ············ 何首乌 *Fallopia multiflora*
            4. 蔓性草本,茎、叶柄等具倒刺;托叶鞘贯茎;根不肥大············
                ················ 杠板归 *Polygonum perfoliatum*
        3. 多年生草本,直立。
            5. 高大草本;茎具紫红色斑点;花单性异株,排成腋生圆锥花序 ·················
                ················ 虎杖 *Reynoutria japonica*
            5. 矮小草本;茎无斑点;花两性,排成穗状或头状。
                6. 叶片披针形或长圆状披针形;花排成穗状花序;花被片5枚 ·················
                    ················ 马蓼 *Polygonum longisetum*
                6. 叶片卵形或三角状卵形;花排成头状花序;花被片4枚 ·················
                    ················ 尼泊尔蓼 *Polygonum nepalense*
1. 花被片6枚;雄蕊6枚。
    7. 基生叶基部箭形;花单性,雌雄异株 ················ 酸模 *Rumex acetosa*
    7. 基生叶基部圆形;花两性 ················ 羊蹄 *Rumex japonicus*

083 牛膝（苋科 Amaranthaceae）
Achyranthes bidentata Blume

　　多年生草本。茎有白色贴生或开展柔毛，或近无毛。单叶对生；叶片卵形、椭圆形或椭圆披针形，先端锐尖至长渐尖，基部楔形或宽楔形，全缘，两面被贴生或开展柔毛；叶柄有柔毛。花两性；穗状花序顶生及腋生；花被片5枚；雄蕊5枚，花丝基部连合成短杯状；胞果矩圆形。

　　根药用。

　　生于路边或草丛。常见。

084 鸡冠花（苋科 Amaranthaceae）
Celosia cristata L.

　　一年生草本。单叶互生；叶片卵形、卵状披针形或披针形，先端渐尖，基部渐狭成柄。穗状花序顶生，呈扁平肉质鸡冠状、卷冠状或羽毛状；花被片红色、紫色、黄色、橙色或红黄色相间；雄蕊5枚，花丝下部合生成杯状。胞果卵形，包裹在宿存花被片内。

　　常栽培供观赏。花序和种子也可入药。

085 美洲商陆（商陆科 Phytolaccaceae）

Phytolacca americana L.

多年生草本。茎直立，中部以上多分枝。单叶互生；叶片纸质，椭圆状卵形或卵状披针形，先端急尖或渐尖，基部楔形。花两性；总状花序顶生或与叶对生；花白色，微带红晕；雄蕊10枚；心皮常10枚，合生。浆果扁球形；果序明显下垂。

路边或山坡逸生。

086 土人参（马齿苋科 Portulacaceae）

Talinum paniculatum（Jacq.）Gaertn.

　　一年生或多年生草本。根粗壮，圆锥形，分枝。单叶互生或近对生；叶片稍肉质，倒卵形或倒卵状长椭圆形，先端钝圆或急尖，有时微凹，具短尖头，基部狭楔形，全缘。圆锥花序顶生或腋生；萼片 2 枚；花瓣 5 枚；雄蕊 10～20 枚；柱头 3 深裂。蒴果近球形。

　　根可入药。

　　常见栽培。

087 球序卷耳（石竹科 Caryophyllaceae）

Cerastium glomeratum Thuill.

　　一年生草本。全株密被白色长柔毛。茎密被长柔毛，上部混生腺毛。单叶对生；茎下部叶匙形，顶端钝，基部渐狭成柄状，略抱茎；上部茎生叶倒卵状椭圆形，顶端急尖，基部渐狭成短柄状，边缘具缘毛，两面密被长柔毛。聚伞花序呈簇生状或头状；萼片5枚；花瓣5枚；雄蕊10枚。蒴果长圆柱形。

　　生于路边草丛。常见。

088 牛繁缕（石竹科 Caryophyllaceae）

Myosoton aquaticum（L.）Moench

二年生或多年生草本。茎被白色短柔毛。单叶对生；基生叶片卵状心形；上部叶片椭圆状卵形或宽卵形，先端渐尖，基部稍抱茎；叶柄疏生柔毛。顶生二歧聚伞花序；苞片边缘具腺毛；花梗密被腺毛；花瓣白色；雄蕊10枚；花柱5。蒴果卵圆形。

生于路边草丛。常见。

089 **繁缕**（石竹科 Caryophyllaceae）

Stellaria media（L.）Vill.

一年生或二年生草本。茎基部多
分枝。单叶对生；叶片卵形或圆卵形，
先端渐尖或急尖，基部渐狭或亚心形，
全缘，密生柔毛和睫毛。花单生于枝腋
或近顶生，或为松散的二歧聚伞花序；
萼片5枚，外被白色柔毛和腺毛；花瓣
5枚；雄蕊5枚；花柱3。蒴果卵圆形。

生于路边草丛。常见。

090 **莲**（睡莲科 Nymphaeaceae）

Nelumbo nucifera Gaertn.

多年生水生草本。地下茎肥厚，中有孔道，节间缢缩。叶二型，一为浮水叶，
一为伸出水面的叶；叶片圆形，盾状着生于有小刺的叶柄上，波状全缘。花红色、
粉色或白色；花瓣多数；雄蕊多数；心皮多数，离生。坚果椭圆球形或卵球形，埋藏
于倒圆锥形的花托孔穴内。

柳城(旧称"宣平")常见种植。柳城为"宣莲"主产区。

091 **女萎**（毛茛科 Ranunculaceae）

Clematis apiifolia DC.

木质藤本。茎、小枝、花序梗和花梗密生贴伏状短柔毛。三出复叶，对生；小叶片卵形至宽卵形，边缘具缺刻状粗齿或牙齿，上面疏生短柔毛或无毛，下面疏生短柔毛或仅沿叶脉较密。花两性，稀单性；圆锥状聚伞花序多花；萼片4枚，两面被短柔毛；花瓣缺；雄蕊多数；心皮多数。瘦果纺锤状或狭卵形，被柔毛。

生于路旁灌丛或林缘。较常见。

092 **单叶铁线莲**（毛茛科 Ranunculaceae）

Clematis henryi Oliv.

常绿攀援木质藤本。单叶对生；叶片狭卵形或近披针形，先端渐尖，基部浅心形，边缘具刺头状浅齿，两面疏生短伏毛，后无毛；叶柄幼时被毛。聚伞花序腋生；萼片4枚，白色，外被绒毛；花瓣缺；雄蕊多数；心皮多数，子房被短柔毛。瘦果狭卵形，被短柔毛。

根入药。

生于林缘或石缝中。少见。

093 柱果铁线莲（毛茛科 Ranunculaceae）

Clematis uncinata Champ. ex Benth.

常绿木质藤本。一至二回羽状复叶，对生；叶片薄革质或纸质，宽卵形、长圆状卵形至卵状披针形，先端急尖至渐尖，基部宽楔形、圆形或浅心形。圆锥状聚伞花序腋生或顶生；萼片4枚，白色，仅外面边缘被短绒毛；花瓣缺；雄蕊多数；心皮多数。瘦果圆柱状钻形。

生于路边或林缘。较常见。

094 短萼黄连（毛茛科 Ranunculaceae）

Coptis chinensis Franch. var. *brevisepala* W. T. Wang et Hsiao

　　多年生草本。根状茎常分枝。叶基生；叶片坚纸质或稍带革质，卵状三角形，先端急尖，边缘生具细尖刺的锐锯齿。二歧或多歧聚伞花序；苞片披针形；萼片5枚；花瓣中央有蜜槽；雄蕊12～20枚；心皮8～12枚。蓇葖果具柄，柄上被短柔毛。

　　根状茎入药。

　　生于沟边或岩石上阴湿地带。少见。

095 **还亮草**（毛茛科Ranunculaceae）
Delphinium anthriscifolium Hance

　　一年生草本。茎无毛或被白色柔毛。二至三回近羽状复叶,幼时为三出复叶,互生;叶片菱状卵形或三角状卵形,先端长渐尖,上面疏被短柔毛,下面无毛或近无毛。总状花序顶生,有时呈伞房状;萼片疏被短柔毛;花瓣紫色,无爪,有距;退化雄蕊2枚,花瓣状;心皮3枚,离生,子房疏被短柔毛或近无毛。蓇葖果。

　　生于路边草丛。较常见。

096 毛茛（毛茛科Ranunculaceae）

Ranunculus japonicus Thunb.

多年生草本。茎被开展或贴伏的柔毛。单叶；叶片三角状肾圆形或倒卵圆形，基部心形或截形，边缘疏生锯齿，两面贴生柔毛。茎下部叶与基生叶相似，渐向上叶片变小，乃至最上部叶变线形，全缘。花两性；聚伞花序；萼片5枚，椭圆形；花瓣5枚，基部有爪，其上复有鳞片；雄蕊多数；心皮多数，离生，螺旋状着生在花托上。聚合果近球形。

生于路边或田边。常见。

097 石龙芮（毛茛科 Ranunculaceae）
Ranunculus sceleratus L.

　　一年生草本。茎直立，上部多分枝。基生叶和下部叶的叶片肾状圆形至宽卵形，基部略心形；上部叶较小，全缘，基部扩大成膜质宽鞘，抱茎。两性花；聚伞花序；萼片外面被短柔毛；花瓣黄色，基部有短爪，蜜槽呈袋穴状；雄蕊多数；心皮多数，离生，螺旋状着生在花托上。聚合果长圆形。

　　生于沟边或田边。常见。

098 天葵（毛茛科Ranunculaceae）

Semiaquilegia adoxoides（DC.）Makino

多年生草本。茎上部具分枝。基生叶为掌状三出复叶；小叶扇状菱形或倒卵状菱形，边缘疏生粗齿。茎生叶较小。萼片5枚，花瓣状；花瓣5枚，基部呈短囊状；退化雄蕊2枚，雄蕊8～14枚，分离；心皮3～5枚，离生。蓇葖果卵状长椭圆形。

生于路边或草丛。较常见。

099 华东唐松草（毛茛科 Ranunculaceae）

Thalictrum fortunei S. Moore

多年生草本。茎自下部或中部分枝。二至三回三出复叶；小叶片草质，顶生小叶片近圆形、楔形，先端圆，基部圆形或浅心形，边缘具浅圆齿，侧生小叶片斜心形。单歧聚伞花序；萼片4枚，淡粉紫色；雄蕊多数；心皮3～6枚。瘦果纺锤形或长圆形。

生于溪沟边林下。少见。

毛茛科常见种分种检索表

1. 木质藤本。
   2. 单叶；叶片边缘具刺头状浅齿 ·············· 单叶铁线莲 *Clematis henryi*
   2. 羽状复叶；小叶片边缘具粗齿，或全缘。
      3. 常绿性；小叶片全缘，小叶柄中部具关节；萼片长1cm以上 ··············
          ······················ 柱果铁线莲 *Clematis uncinata*
      3. 落叶性；小叶片具粗齿，小叶柄无关节；萼片长8mm以下 ··· 女萎 *Clematis apiifolia*
1. 多年生或一年生草本。
   4. 花两侧对称；花瓣2枚 ·············· 还亮草 *Delphinium anthriscifolium*
   4. 花辐射对称；花瓣5枚，或无花瓣。
      5. 子房具多颗胚珠；蓇葖果；花瓣粉红色或黄绿色。
         6. 无退化雄蕊；心皮具柄；花瓣基部不呈囊状 ····························
             ············· 短萼黄连 *Coptis chinensis* var. *brevisepala*
         6. 具退化雄蕊；心皮无柄；花瓣基部囊状 ·············· 天葵 *Semiaquilegia adoxoides*
      5. 子房具1枚胚珠；瘦果；花瓣金黄色，或无花瓣而萼片呈淡粉紫色。
         7. 花无花瓣，但萼片4枚，呈淡粉紫色 ·············· 华东唐松草 *Thalictrum fortunei*
         7. 花有花瓣，5枚，金黄色。
            8. 植物体具糙毛；聚合果近球形 ·············· 毛茛 *Ranunculus japonicus*
            8. 植物体无毛；聚合果圆柱形 ·············· 石龙芮 *Ranunculus sceleratus*

100 木通（木通科 Lardizabalaceae）

Akebia quinata（Thunb. ex Houtt.）Decne.

落叶藤本。幼枝无毛,有圆形皮孔。掌状复叶,互生或簇生;小叶片5枚,倒卵形或椭圆形,先端微凹,基部宽楔形或圆形,全缘。花单性,雌雄同株同序;总状花序;花瓣缺;雄花雄蕊6枚,分离;离生心皮。肉质膏葖果浆果状,椭球形或长椭球形。

茎、果实入药。

生于林缘、路边或灌丛。常见。

101 尾叶挪藤（木通科 Lardizabalaceae）

Stauntonia obovatifoliola Hayata subsp. *urophylla*（Hand.-Mazz.）H. N. Qin

常绿藤本。枝与小枝圆柱形,有线纹。掌状复叶,互生;小叶5~7枚,匙形,先端短尾尖,基部圆或宽楔形。花单性,雌雄同株或异株;伞房花序腋生;雄花萼片6枚,雄蕊6枚,花丝合生成管或仅基部合生,花药顶端具角状附属物;雌花萼片6枚,雌蕊3枚,离生。成熟心皮浆果状,卵状球形或长球形。

生于林中或林缘。较常见。

102 阔叶十大功劳（小檗科 Berberidaceae）

Mahonia bealei（Fortune）Carrière

常绿灌木。一回奇数羽状复叶，互生；小叶片厚革质，卵形，先端渐尖，基部近圆形、宽楔形或浅心形，叶缘具刺状锯齿。总状花序簇生；萼片9枚；花瓣6枚；雄蕊6枚，分离；雌蕊1枚。浆果卵球形或卵球形。

偶见作为观赏植物栽培，也可入药。

103 **防己**（防己科 Menispermaceae）

Sinomenium acutum（Thunb.）Rehder et E. H. Wilson

落叶木质藤本。小枝无毛，具细沟纹。单叶互生；叶片厚纸质或革质，宽卵形或近圆形，先端渐尖，基部圆形、截形或近心形，全缘。圆锥花序腋生；雄花萼片6枚，雄蕊8～12枚；雌花具退化雄蕊9枚，心皮3枚，离生。核果近球形。

茎藤入药。

生于路边或林缘。较常见。

104 披针叶茴香（木兰科 Magnoliaceae）
Illicium lanceolatum A. C. Sm.

常绿小乔木。小枝无毛，具香气。单叶互生或集生于小枝顶部；叶片革质，倒披针形、披针形或椭圆状倒披针形，先端尾尖或渐尖，基部窄楔形，全缘。花两性，腋生或近顶生；花被片10～15枚；雄蕊6～11枚；离生心皮10～13枚，轮状排列。蓇葖果。

生于沟边林中。较少见。

105 南五味子（木兰科 Magnoliaceae）

Kadsura longipedunculata Finet et Gagnep.

常绿藤本。小枝疏生皮孔或不显。单叶互生；叶片革质或近纸质，椭圆形或椭圆状披针形，先端渐尖，基部楔形，边缘有疏齿。花单性，雌雄异株，单生于叶腋；雌、雄花花被片8～17枚；雄花具雄蕊30～70枚；离生心皮40～60枚。聚合果球形。

生于林下或灌丛中。较常见。

106 凹叶厚朴（木兰科 Magnoliaceae）

Magnolia officinalis Rehder et E. H. Wilson subsp. *biloba*（Rehder et E. H. Wilson）Law

　　落叶乔木。小枝粗壮。叶集生于枝梢；叶片长圆状倒卵形，先端凹缺成2裂，基部楔形，全缘，下面被平伏柔毛。花两性，单生，稀对生；花被片9～12枚，心皮离生。聚合果长圆状卵形，基部较窄。

　　作为中药材栽培。

107 乳源木莲（木兰科 Magnoliaceae）

Magnolia yuyuanensis Law

　　常绿乔木。单叶互生；叶片革质，窄倒卵状长圆形或窄椭圆形，先端渐尖，稀短尾状，基部楔形、宽楔形至窄楔形。花两性，单生于枝顶；花被片9枚，白色；雄蕊多数；雌蕊群椭圆状卵形。聚合蓇葖果卵球形。

　　生于沟边，在天师殿附近有大树，形成小群落。

108 樟树（樟科 Lauraceae）

Cinnamomum camphora（L.）J. Presl

常绿乔木。小枝光滑。单叶互生；叶片薄革质，卵形或卵状椭圆形，先端急尖，基部宽楔形至近圆形，边缘呈微波状起伏，离基三出脉。花两性；聚伞状圆锥花序腋生；花被片6枚，内被短柔毛；雄蕊9枚。果近球形。

栽培或野生。

109 浙江樟 (樟科 Lauraceae)

Cinnamomum chekiangense Nakai

常绿乔木。小枝幼时被短柔毛。单叶互生或近对生；叶片薄革质，长椭圆形、长椭圆状披针形至狭卵形，先端长渐尖至尾尖，基部楔形，下面微被细短柔毛，后变无毛；叶柄被细柔毛。花两性；圆锥状聚伞花序腋生；花被片6枚；雄蕊9枚。果卵球形至长卵球形。

生于沟边。较常见。

110 细叶香桂 (樟科 Lauraceae)

Cinnamomum subavenium Miq.

常绿乔木。小枝密被黄色贴生绢状短柔毛。单叶互生或近对生；叶片革质，椭圆形、卵状椭圆形至卵状披针形，先端急尖至渐尖，基部圆形或楔形，两面幼时密被黄色贴生绢状短柔毛。聚伞状圆锥花序腋生或近顶生；花两性；花被片6枚，两面密被黄色绢状短柔毛；雄蕊9枚。果椭球形。

生于山坡林下。较常见。

111 **乌药**（樟科 Lauraceae）

Lindera aggergata（Sims）Kosterm.

　　常绿灌木至小乔木。小枝幼时密被金黄色绢毛。单叶互生；叶片革质，卵形、卵圆形至近圆形，先端长渐尖至尾尖，基部圆形至宽楔形，全缘，下面幼时被灰黄色贴伏柔毛。花单性异株；伞形花序腋生；雄花花被片外被白色柔毛，雄蕊9枚；雌花具退化雄蕊9枚。果卵球形至椭球形。

　　根入药。

　　生于路边或灌丛。常见。

112 **红果钓樟**（樟科 Lauraceae）

Lindera erythrocarpa Makino

　　落叶灌木至小乔木。小枝皮孔多数。单叶互生；叶片纸质，倒披针形至倒卵状披针形，先端渐尖，基部狭楔形下延，全缘，下面被平伏柔毛。花单性异株；伞形花序腋生；雄花具发育雄蕊9枚；雌花具退化雄蕊9枚。浆果状核果，球形。

　　生于林中。较常见。

113 山胡椒（樟科 Lauraceae）

Lindera glauca（Siebold et Zucc.）Blume

落叶灌木至小乔木。小枝幼时被褐色毛。单叶互生；叶片纸质，椭圆形、宽椭圆形至倒卵形，先端急尖，基部楔形，全缘，下面被灰白色柔毛。花单性异株；伞形花序腋生；花被片黄色；雄花具发育雄蕊9枚；雌花具退化雄蕊9枚。浆果状核果，球形。

生于路边或灌丛。常见。

114 **山橿**（樟科 Lauraceae）
Lindera reflexa Hemsl.

　　落叶灌木或小乔木。小枝幼时被绢状短柔毛。单叶互生；叶片纸质，卵形、倒卵状椭圆形，稀窄倒卵形或窄椭圆形，先端渐尖或略尾尖，基部宽楔形至圆形，稀近心形，全缘，下面被白色细柔毛。花单性异株；伞形花序；花被片黄色；雄花具发育雄蕊9枚；雌花具退化雄蕊9枚。浆果状核果，圆球形。

　　生于林缘或林下。常见。

115 豹皮樟（樟科 Lauraceae）

Litsea coreana H. Lév. var. *sinensis*（C. K. Allen）Yen. C. Yang et P. H. Huang

常绿乔木。小枝无毛。单叶互生；叶片革质，长圆形至披针形，先端急尖，基部楔形；叶柄上面被柔毛。花单性，雌雄异株；伞形花序腋生；花被片6枚，外被长柔毛；雄花具发育雄蕊9枚；雌花具退化雄蕊9枚，具长柔毛。浆果状核果近球形。

生于山谷林下。少见。

116 黄丹木姜子（樟科 Lauraceae）

Litsea elongata（Nees ex Wall.）Benth. et Hook. f.

常绿乔木。小枝密被黄褐色或灰褐色绒毛。单叶互生；叶片革质，长圆状披针形至长圆形，稀倒披针形，先端钝至短渐尖，基部楔形或近圆形；叶柄密被褐色绒毛。花单性，雌雄异株；伞形花序单生于叶腋，稀簇生；雄花花被片黄白色，具发育雄蕊 9~12 枚，花丝被长柔毛。浆果状核果，长圆球形。

生于沟谷边。少见。

117 石木姜子（樟科 Lauraceae）

Litsea elongata（Nees ex Wall.）Benth. et Hook. f. var. *faberi*（Hemsl.）Yen C. Yang et P. H. Huang

常绿乔木。小枝密被黄褐色或灰褐色绒毛。单叶互生；叶片革质，狭披针形或长圆状披针形，先端尾尖至长尾尖，基部楔形或近圆形；叶柄密被褐色绒毛。花单性，雌雄异株；伞形花序单生于叶腋，稀簇生；雄花花被片黄白色，具发育雄蕊 9~12 枚，花丝被长柔毛。浆果状核果，长圆球形。

生于沟谷边。常见。

118 薄叶润楠（樟科 Lauraceae）

Machilus leptophylla Hand.-Mazz.

　　常绿乔木。顶芽大,近球形。单叶互生;叶片坚纸质,倒卵状长圆形,先端短渐尖,基部楔形,下面疏生绢毛,全缘。花两性;圆锥花序集生于新枝基部;花被片6枚;发育雌蕊9枚。核果球形。

　　生于沟谷边。常见。

119 红楠（樟科 Lauraceae）

Machilus thunbergii Siebold et Zucc.

常绿乔木。一年生小枝无皮孔，二年生以上枝具显著皮孔。单叶互生；叶片革质，倒卵形至倒卵状披针形，先端突钝尖、短尾尖，基部楔形，全缘。花两性；聚伞状圆锥花序腋生；花被片6枚；发育雌蕊9枚。果扁球形。

生于沟谷边。常见。

120 紫楠（樟科 Lauraceae）

Phoebe sheareri（Hemsl.）Gamble

　　常绿乔木。小枝、叶柄及花序密被黄褐色至灰黑色柔毛或绒毛。单叶互生；叶片革质，倒卵形、椭圆状倒卵形或倒卵状披针形，先端突渐尖或突尾状渐尖，基部渐狭成楔形，下面被黄褐色长柔毛。花两性；聚伞状圆锥花序腋生；花被片6枚；发育雄蕊9枚，退化雄蕊3枚；雌蕊1枚。果卵球形至卵球形。

　　生于沟谷边林缘。常见。

121 檫木（樟科 Lauraceae）

Sassafras tsumu（Hemsl.）Hemsl.

　　落叶乔木。小枝无毛。单叶互生,常集生于枝顶;叶片卵形或倒卵形,先端渐尖,基部楔形,全缘不裂或2～3裂,裂片先端钝,羽状脉或离基三出脉。花两性;总状花序出自枝顶混合芽;花被片6枚,外面疏被毛;发育雄蕊9,退化雄蕊3枚。果近球形。

　　生于林中。较少见。

樟科常见种分种检索表

1. 常绿性。
 2. 花两性；第3轮雄蕊的花药外向。
  3. 花被果时宿存；叶片具羽状脉。
   4. 宿存花被反卷或开展；果梗肉质增粗。
    5. 叶片倒卵形或倒卵状披针形，长10cm以下，下面无毛 ……………… 红楠 *Machilus thunbergii*
    5. 叶片倒卵状长圆形，长14～24cm，下面疏生绢毛 ……………… 薄叶润楠 *Machilus leptophylla*
   4. 宿存花被稍开展，紧贴果实基部；果梗不增粗 ……… 紫楠 *Phoebe sheareri*
  3. 花被片果时脱落；叶片具明显的离基三出脉。
   6. 高大乔木；花药4室；果实成熟时蓝黑色。
    7. 叶互生，侧脉脉腋在下面具腺窝；果实近球形 … 樟树 *Cinnamomum camphora*
    7. 叶近对生，侧脉脉腋在下面无腺窝；果实卵球形至椭圆球形。
     8. 叶片后期两面无毛 ……………… 浙江樟 *Cinnamomum chekiangense*
     8. 叶片下面被黄色绢状短柔毛 ……… 细叶香桂 *Cinnamomum subavenium*
   6. 灌木；花药2室；果成熟时红色至黑色 ……… 乌药 *Lindera aggergata*
 2. 花单性；第3轮雄蕊的花药内向。
  9. 树皮呈不规则圆块状剥落；小枝无毛；叶片侧脉8～10对 ……………… 豹皮樟 *Litsea coreana* var. *sinensis*
  9. 树皮不呈圆块状剥落；小枝密被褐色绒毛；叶片侧脉10～20对。
   10. 叶片长圆状披针形至长圆形，先端短渐尖；花序梗长2～5mm ……………… 黄丹木姜子 *Litsea elongata*
   10. 叶片狭披针形至长圆状披针形，先端长渐尖至尾尖；花序梗长5～10mm ……………… 石木姜子 *Litsea elongata* var. *faberi*
1. 落叶性。
 11. 叶片通常2～3裂 ……………… 檫木 *Sassafras tsumu*
 11. 叶片不具缺裂。
  12. 叶片倒披针形或倒卵状披针形，最宽处在中部以上，基部楔形下延 ……………… 红果钓樟 *Lindera erythrocarpa*
  12. 叶片卵形至卵状椭圆形，最宽处常在中部以下，基部宽楔形至圆形。
   13. 2～3年生小枝黄绿色，无皮孔 ……… 山橿 *Lindera reflexa*
   13. 2～3年生小枝灰白色 ……………… 山胡椒 *Lindera glauca*

122 刻叶紫堇（罂粟科 Papaveraceae）
Corydalis incisa (Thunb.) Pers.

　　一年生或多年生草本。茎多数簇生，具分枝。叶片二回三出，菱形或宽楔形，三深裂，裂片具缺刻状齿。总状花序；外花瓣顶端圆钝，平截或多少下凹，顶端稍后具陡峭的鸡冠状凸起；上花瓣距圆筒形，近直；蜜腺体短，末端稍圆钝；下花瓣基部常具小距或浅囊，有时发育不明显。蒴果线形至长圆形。

　　生于林缘路边的草丛。较常见。

123 黄堇（罂粟科 Papaveraceae）

Corydalis pallida（Thunb.）Pers.

二年生草本。茎簇生。叶基生与茎生；叶片卵形，二至三回羽状全裂，稀全缘，下面有白霜。总状花序顶生或侧生；苞片披针形或狭卵形，全缘，先端尖；萼片小，先端尾状尖，边缘撕裂状；花瓣片宽卵形；雄蕊6枚，连合成2束，与外轮花瓣对生，上面1束雄蕊的花丝具蜜腺，插入距中；子房线形，花柱细长，柱头横直。蒴果念珠状。

生于路边石砾堆中。较常见。

124 博落回（罂粟科 Papaveraceae）

Macleaya cordata（Willd.）R. Br.

多年生草本，有时呈灌木状。茎直立，被白粉。单叶互生；叶片宽卵形或近圆形，边缘波状或具波状牙齿，基部心形，下面被白粉和灰白色细毛。花两性；圆锥花序顶生；萼片2枚，有膜质边缘；无花瓣；雄蕊20～36枚，花丝丝状，花药线形；子房狭长椭圆形或狭倒卵形，花柱短，柱头肥厚。蒴果倒披针形或倒卵形。

生于路边或郊野。常见。

125 荠（十字花科 Cruciferae）

Capsella bursa-pastoris (L.) Medik.

一年生或二年生草本。茎直立，不分枝或分枝。基生叶莲座状，叶片长圆形，大头状羽裂、深裂或不整齐羽裂；茎生叶叶片长圆形或披针形，先端钝尖，基部箭形，抱茎，边缘具疏锯齿或近全缘。总状花序初呈伞房状，花后伸长；萼片长卵形，膜质；花瓣白色，倒卵形，较萼片稍长；短雄蕊基部两侧具半月形蜜腺。短角果三角状心形。

生于路边或荒地。常见。

126 弯曲碎米荠（十字花科 Cruciferae）

Cardamine flexuosa With.

    一年生或二年生草本。茎疏被柔毛。基生叶的顶生小叶片卵形、倒卵形或长圆形，先端三齿裂，基部宽楔形；侧生小叶片卵形或倒卵形，边缘1～3齿裂。茎生叶的小叶片多为长卵形或线形，波状1～3浅裂或全缘。全部小叶片近无毛或有时疏被柔毛。总状花序顶生；萼片长椭圆形；花瓣倒卵状楔形；子房圆柱形，花柱极短，柱头偏球形。长角果狭长圆柱形。

    生于路边或田边。常见。

127 蔊菜（十字花科 Cruciferae）

Rorippa indica (L.) Hiern.

　　一年生或二年生草本。茎直立或斜生,有分枝。叶互生;叶形多变化,基生叶和茎下部叶大头状羽裂,卵形或长圆形,先端圆钝,边缘有牙齿;茎上部叶向上渐小,叶片长圆形或匙形,边缘具疏齿,基部有短叶柄或稍耳状抱茎。总状花序顶生和腋生;萼片卵状长圆形;花瓣匙形,基部渐狭成短爪;雄蕊6枚,2枚稍短。长角果狭圆柱形或圆状棒形。

　　生于路边或田边。常见。

128 钟萼木（钟萼木科 Bretschneideraceae）

Bretschneidera sinensis Hemsl.

落叶乔木。小枝幼时密被棕色糠秕状短毛。奇数羽状复叶互生；小叶对生，小叶片薄革质，长圆形、椭圆形、狭卵形、卵状披针形或狭倒卵形，先端渐尖，基部楔形至宽楔形，或近圆形，偏斜，全缘，下面密被棕色短柔毛；叶柄具糠秕状短柔毛。花两性；总状花序顶生；花萼外面密被棕色短柔毛；花瓣5枚；雄蕊8枚。蒴果椭圆形或近球形，木质，被极短密毛。

生于林中。少见。

129 **东南景天**（景天科 Crassulaceae）

Sedum alfredii Hance

多年生草本。根状茎横走。叶互生；下部叶常脱落，上部叶常聚生，叶片条状楔形、匙形至匙状倒卵形，先端钝，有时有微缺，基部狭楔形，全缘，有距。聚伞花序顶生；苞片叶状，较小；萼片5枚，匙状倒卵形；花瓣披针形至长圆状披针形；雄蕊10枚；鳞片5枚，匙状方形；心皮5枚，基部合生。蓇葖果斜叉开。

生于路边或岩石上。常见。

130 凹叶景天（景天科 Crassulaceae）

Sedum emarginatum Migo

　　多年生草本。茎细弱,斜生,着地部分常生有不定根。叶对生;叶片匙状倒卵形至宽卵形,先端微凹,基部渐狭,有短距。聚伞花序顶生,花无梗,萼片5枚,披针形至长圆形;花瓣5枚,线状披针形至披针形;雄蕊10枚;鳞片5枚;心皮5枚,基部合生。蓇葖果略叉开,腹面有浅囊状凸起。

　　生于路边或草丛。少见。

131 **垂盆草**（景天科 Crassulaceae）

Sedum sarmentosum Bunge

多年生草本。不育茎匍匐，节上生不定根。叶3枚轮生；叶片倒披针形至长圆形，先端尖，基部渐狭，有短距。聚伞花序顶生；苞片叶状，较小；萼片5枚，宽披针形，先端钝；花瓣5枚，披针形至长圆形；雄蕊10枚；鳞片5枚，近四方形；心皮5枚，近基部1.5毫米以下合生。种子细小，卵球形。

生于路边、草丛或岩石上。常见。

132 **宁波溲疏**（虎耳草科 Saxifragaceae）

Deutzia ningpoensis Rehder

落叶灌木。小枝疏被星状毛。叶对生；叶片狭卵形、卵状披针形或披针形，先端渐尖，基部圆形或宽楔形，边缘疏生不明显细锯齿或近全缘，下面密被星状毛；叶柄疏被星状毛。花两性；圆锥花序；萼裂片三角状卵形；花瓣倒卵状长圆形，外面被星状毛；雄蕊10枚，稀12～15枚；子房下位，花柱3～4枚，离生。蒴果近球形，密被星状毛。

生于沟边林缘。较少见。

133 圆锥绣球（虎耳草科 Saxifragaceae）

Hydrangea paniculata Siebold

　　落叶灌木或小乔木。小枝有稀疏细毛。单叶对生；叶片卵形、椭圆形或狭椭圆形，先端渐尖，基部圆形或楔形，边缘有细密锯齿，上面疏被柔毛或近无毛，下面脉上有长柔毛，脉腋具簇毛。花二型；圆锥花序顶生；放射花萼片4枚，分离；花瓣5枚，离生，早落；雄蕊10枚，花柱3枚。蒴果近卵形。

　　生于路边或沟边。较常见。

134 粗枝绣球（虎耳草科 Saxifragaceae）

Hydrangea robusta Hook. f. et Thomson

　　落叶灌木。小枝密被粗伏毛。单叶对生；叶片纸质，卵状长圆形、卵状披针形或长圆状披针形，先端渐尖，基部楔形或圆形，边缘有细锯齿，上面疏生伏毛或近无毛，下面被粗伏毛或脉上被毛；叶柄密被粗伏毛。花二型；伞房状聚伞花序；放射花萼片通常4枚；雄蕊10枚，花柱2枚。蒴果半球形。

　　生于溪沟边林缘。较常见。

135　中国绣球（虎耳草科 Saxifragaceae）

Hydrangea chinensis Maxim.

落叶灌木。小枝被稀疏粗伏毛，后无毛。单叶对生；叶片纸质，干后膜质，狭椭圆形、长圆形至狭倒卵形，先端渐尖，基部楔形，常全缘。花二型；伞形聚伞花序；放射花萼片3～4枚，稀2或5枚，萼裂片卵状椭圆形；花瓣倒卵状披针形；子房大半部上位，花柱3～4枚。蒴果卵球形。

生于沟边或林下。常见。

136　矩形叶鼠刺（虎耳草科 Saxifragaceae）

Itea oblonga Hand.-Mazz.

常绿灌木或小乔木。小枝无毛或幼时被微绒毛。单叶互生；叶片薄革质，长圆形，先端急尖或渐尖，基部楔形至圆形，边缘具细密锯齿。花两性；总状花序腋生；萼裂片狭披针形；花瓣披针形；雄蕊5枚，略超出花冠；子房上位，2室，被微绒毛。蒴果狭圆锥形。

生于路边或山坡林缘。常见。

137 虎耳草（虎耳草科 Saxifragaceae）
Saxifraga stolonifera Curtis

　　多年生草本。匍匐茎细长,分枝。叶通常基生;叶片肉质,圆形或肾形,基部心形或截形,边缘浅裂并具不规则浅牙齿,两面被伏毛。花序疏圆锥状;苞片披针形,具柔毛;萼片5枚,卵形;花瓣5枚,上方3枚小,卵形,下方2枚大,披针形;雄蕊10枚;心皮2枚,基部合生。蒴果宽卵形。

　　生于沟边石上。常见。

138 钻地风（虎耳草科 Saxifragaceae）

Schizophragma integrifolium Oliv.

落叶木质藤本。小枝表皮紧贴；老枝树皮纵裂，稍剥落。叶对生；叶片薄革质，卵形、宽卵形或椭圆形，先端渐尖或急尖，基部圆形或楔形，稀近心形，全缘或中部以上具稀少疏离小齿。花二型；伞房状聚伞花序顶生；放射花具1枚大萼片；孕性花小，萼片宿存，花瓣分离；雄蕊10枚；花柱短，柱头4～5裂。蒴果陀螺形。

生于林下或林缘。少见。

虎耳草科常见种分种检索表

1. 多年生草本；花两侧对称 ……………………………… 虎耳草 *Saxifraga stolonifera*
1. 木本；花辐射对称。
   2. 落叶性；叶对生。
      3. 花全为两性，花丝扁平；小枝及叶片被星状毛 ……… 宁波溲疏 *Deutzia ningpoensis*
      3. 花序周边为中性花（放射花），花丝丝状；植株被毛时绝非星状毛。
         4. 落叶灌木；放射花具3～5枚瓣状萼片；花柱2～5枚。
            5. 子房下位；花序基部有花序梗；蒴果半球形 …… 粗枝绣球 *Hydrangea robusta*
            5. 子房半下位；花序无花序梗；蒴果卵球形。
               6. 圆锥花序；种子具齿 ………………… 圆锥绣球 *Hydrangea paniculata*
               6. 伞房状聚伞花序；种子无翅 ………… 中国绣球 *Hydrangea chinensis*
         4. 落叶藤本；放射花仅具1枚萼片；花柱1枚 … 钻地风 *Schizophragma integrifolium*
   2. 常绿性；叶互生 …………………………………………… 矩形叶鼠刺 *Itea oblonga*

139 **崖花海桐**（海桐花科 Pittosporaceae）

Pittosporum illicioides Makino

常绿灌木或小乔木。枝和嫩枝光滑无毛，有皮孔，上部枝条有时近轮生。叶互生；叶片薄革质，倒卵状披针形或倒披针形，先端渐尖，基部狭楔形。伞形花序顶生；苞片细小，早落；萼片5枚，基部连合；花瓣5枚，基部联合，长匙形；雄蕊5枚；雌蕊由3枚心皮组成。蒴果近圆球形。

生于沟边林下。常见。

140 枫香（金缕梅科 Hamamelidaceae）
Liquidambar formosana Hance

　　落叶乔木。树皮灰褐色。单叶互生；叶片纸质，宽卵形，先端尾状渐尖，基部心形或平截，边缘有细锯齿。花单性，雌雄同株；雄花序短穗状，无花萼及花瓣，具雄蕊多数，花药2室纵裂；雌花聚生成圆球形头状花序，花柱2枚。蒴果木质，集生成球形果序。

　　生于山坡林中。常见。

141 檵木（金缕梅科 Hamamelidaceae）
Loropetalum chinense（R. Br.）Oliv.

灌木，稀小乔木。小枝被黄褐色星状柔毛。叶互生；叶片革质，卵形，先端锐尖或钝，基部宽楔形或近圆形，多少偏斜，全缘，下面有星状柔毛；叶柄被星状毛。花两性，簇生成头状或短穗状花序；萼齿4枚，卵形。花瓣4枚，带状；雄蕊4枚，花药瓣裂；子房被星状柔毛。蒴果卵球形，被黄褐色星状柔毛。

生于沟边或林缘。常见。

142 杜仲（杜仲科 Eucommiaceae）
Eucommia ulmoides Oliv.

落叶乔木。幼枝被黄褐色柔毛。单叶互生；叶片椭圆状卵形，先端渐尖，基部宽楔形或近圆形，边缘有细锯齿，两面初被褐色柔毛，上面后变秃净，下面后沿叶脉有毛；叶柄散生柔毛。花单性异株；苞片倒卵形匙形；雄花簇生，无花被，雄蕊5～10枚；雌花单生，心皮2枚。具翅小坚果长椭圆形。

多为栽培。

143 龙牙草（蔷薇科Rosaceae）

Agrimonia coreana Nakai

多年生草本。茎被疏柔毛及短毛。奇数羽状复叶；小叶片倒卵形、倒卵状椭圆形至倒卵状披针形，先端急尖至圆钝，稀渐尖，基部楔形至宽楔形，边缘有急尖至圆钝锯齿，上面被疏柔毛，稀脱落至近无毛，下面通常脉上伏生疏柔毛，稀脱落至近无毛。穗状总状花序顶生；花序轴、花梗被柔毛；雄蕊(5～)8～15枚；心皮2枚。瘦果倒卵状圆锥形。

生于路边草丛。常见。

144 **野山楂**（蔷薇科 Rosaceae）

Crataegus cuneata Siebold et Zucc.

　　落叶灌木。小枝幼时被柔毛。叶互生；叶片宽倒卵形至倒卵状长圆形，先端急尖，基部楔形，边缘有重锯齿，先端常三浅裂，下面具稀疏柔毛。伞房花序；苞片草质，披针形；花瓣近卵形或倒卵形；雄蕊20枚；心皮1～5枚，花柱4～5枚，基部被绒毛。梨果近球形或扁球形。

　　生于路边或灌丛。常见。

145 蛇莓（蔷薇科Rosaceae）
Duchesnea indica（Andrews）Focke

多年生草本。匍匐茎有柔毛。三出复叶；小叶片倒卵形至菱状圆形，先端圆钝，边缘有钝锯齿，两面有柔毛。花单生于叶腋；花梗有柔毛；萼片外面散生柔毛；花瓣倒卵形，先端圆钝；雄蕊20～30枚；心皮多数，离生。瘦果卵形。

生于路边草丛。常见。

146 柔毛水杨梅（蔷薇科 Rosaceae）

Geum japonicum Thunb. var. *chinense* F. Bolle

多年生草本。茎被黄色短柔毛及粗硬毛。基生叶为大头羽状复叶；顶生小叶卵形至广卵形，浅裂或不裂，先端钝圆，基部宽心形或宽楔形，边缘有粗大圆钝或急尖锯齿，被稀疏糙伏毛，侧生小叶呈附片状；花序疏散；萼片三角状卵形，先端渐尖，副萼片狭小；雄蕊多数，花柱顶生，在上部 1/4 处扭曲；心皮多数。聚合果卵球形或椭圆形。

生于路边或山坡。较少见。

147 **中华石楠**（蔷薇科 Rosaceae）

Photinia beauverdiana C. K. Schneid.

　　落叶灌木或小乔木。小枝散生皮孔,无毛。叶互生;叶片薄纸质,长圆形、倒卵状长圆形或卵状披针形,先端突渐尖,基部圆形或楔形,边缘疏生具腺锯齿,下面中脉疏生柔毛;叶柄微有柔毛。花两性;复伞房花序顶生;萼片三角状卵形;花瓣卵形或倒卵形;雄蕊20枚;花柱3枚,基部合生。小梨果卵形。

　　生于林中。常见。

148 石楠（蔷薇科 Rosaceae）
Photinia serrulata Lindl.

常绿灌木或小乔木。枝无毛。叶互生；叶片革质，长椭圆形、长倒卵形或倒卵状椭圆形，先端尾尖，基部圆形或楔形，边缘有具腺锯齿，近基部全缘，上面幼时中脉有毛。复伞房花序顶生；萼片宽三角形，先端急尖；花瓣近圆形；雄蕊20枚；心皮2枚，花柱2枚，有时3枚，基部合生，柱头头状。小梨果球形。

生于林中或林缘。常见。

149 三叶委陵菜（蔷薇科 Rosaceae）

Potentilla freyniana Bornm.

多年生草本。茎被疏柔毛。三出复叶；小叶片长圆形、卵形或椭圆形，先端急尖或圆钝，基部楔形或宽楔形，边缘有急尖锯齿，两面疏生平伏柔毛。伞房状聚伞花序顶生；萼片三角状卵形，先端渐尖，副萼片披针形；花瓣长圆状倒卵形；雄蕊通常20枚；雌蕊多数，彼此分离。瘦果卵球形。

生于路边或草丛。常见。

150 桃（薔薇科 Rosaceae）
Prunus persica（L.）Batsch

落叶乔木。小枝细长,无毛,皮孔小而多。单叶互生;叶片长圆状披针形、椭圆状披针形或倒卵状披针形,先端渐尖,基部宽楔形。花两性,单生;萼片卵形至长圆形,先端圆钝,外被短柔毛;花瓣长圆状椭圆形至宽倒卵形;雄蕊20～52枚;雌蕊1枚。核果卵形、宽椭圆形或扁圆形,密被短柔毛,稀无毛。

生于沟边,或栽培。较常见。

151 **李**（蔷薇科 Rosaceae）

Prunus salicina Lindl.

落叶乔木。单叶互生；叶片长圆状倒卵形、长椭圆形，稀长宽卵形，先端渐尖、短尾尖或急尖，基部楔形，边缘有圆钝重锯齿，常间有单锯齿。花两性；花常3朵并生；萼片长圆状卵形，先端急尖或圆钝，边缘有疏齿；花瓣长圆状倒卵形；雄蕊多数；雌蕊1枚。核果球形、卵形或近圆锥形。

偶见栽培。

152 浙闽樱（蔷薇科 Rosaceae）
Prunus schneideriana Koehne

落叶小乔木。小枝密被灰褐色微硬毛。单叶互生；叶片长椭圆形、卵状椭圆形或倒卵状长圆形，先端渐尖或骤尾尖，基部圆形或宽楔形，边缘锯齿渐尖，常有重锯齿，齿端有头状腺体，上面近无毛或伏生疏柔毛，下面被灰黄色微硬毛。伞形花序；花瓣淡红色；萼片5枚；雄蕊约40枚；雌蕊1枚。核果长椭圆形。

生于沟边或林中。较常见。

153 石斑木（蔷薇科 Rosaceae）
Rhaphiolepis indica (L.) Lindl.

常绿灌木，稀小乔木。幼枝初被褐色绒毛。单叶互生；叶片薄革质，卵形、长圆形，稀倒卵形或长圆状披针形，先端圆钝、急尖、渐尖或长尾尖，基部渐狭，下延至叶柄，边缘具细钝锯齿。圆锥花序或总状花序顶生；苞片及小苞片狭披针形；萼片5枚，三角状披针形至线形；花瓣5枚，倒卵形或披针形；雄蕊15枚；花柱2～3枚，基部合生。果球形。

生于林缘或路边林下。常见。

154 **软条七蔷薇**（蔷薇科Rosaceae）

Rosa henryi Boulenger

　　落叶灌木。小枝有皮刺或无刺，皮刺短扁、弯曲。叶互生；奇数羽状复叶，稀单叶；小叶片长圆形、卵形、椭圆形或椭圆状卵形，先端长渐尖至尾尖，基部近圆形或宽楔形，边缘有锐锯齿。伞形状伞房花序；萼片披针形，先端渐尖，全缘；花瓣宽倒卵形；心皮多数，稀少数，离生，花柱结合成柱，被柔毛。瘦果近球形。

　　生于灌丛中。常见。

155 金樱子（蔷薇科 Rosaceae）

Rosa laevigata Michx.

　　常绿灌木。小枝粗壮，散生扁弯皮刺，无毛。叶互生；奇数羽状复叶，稀单叶；小叶片革质，椭圆状卵形、倒卵形或披针状卵形，先端急尖或圆钝，稀尾状渐尖，边缘有锐锯齿，下面幼时沿中脉有腺毛。花单生于叶腋；雄蕊多数；心皮多数，花柱离生，有毛。瘦果梨形或倒卵形，稀近球形。

　　生于灌丛中。常见。

156 寒莓（蔷薇科 Rosaceae）

Rubus buergeri Miq.

　　常绿灌木。茎常伏地生根，长出新柱，密生长柔毛。单叶互生；叶片纸质，卵形至近圆形，先端圆钝或稍急尖，基部心形，边缘有锐锯齿，下面密被绒毛；叶柄、枝、花序密被绒毛状长柔毛。花两性；短总状花序，腋生或顶生；花萼外密被长柔毛和绒毛；雄蕊多数，分离；心皮多数，离生。聚合果近球形。

　　生于林下或林缘。常见。

157 掌叶悬钩子（蔷薇科 Rosaceae）

Rubus chingii Hu

　　落叶灌木。幼枝无毛,有白粉,具少数皮刺。单叶互生;叶片近圆形,掌状5深裂,稀3或7裂,基部近心形,边缘重锯齿或缺刻;叶柄微具柔毛或无毛,疏生小皮刺。花两性;单生于短枝顶端或叶腋;萼片卵形或卵状长圆形,外密被短柔毛;花瓣椭圆形或卵状长圆形;雄蕊多数,分离;心皮多数,离生,具柔毛。聚合果球形。

　　生于路边。常见。

158 山莓（蔷薇科 Rosaceae）

Rubus corchorifolius L. f.

落叶灌木。小枝幼时稍被毡状短柔毛。单叶互生；叶片卵形、卵状披针形，先端渐尖，基部心形至圆形，边缘有重锯齿，下面幼时被灰褐色细柔毛。花单生，稀簇生于短枝顶；萼片卵形或三角状卵形，两面均被短柔毛；花瓣长圆形；雄蕊多数，分离；心皮多数，离生。聚合果球形，密被细柔毛。

生于路边或灌丛。常见。

159 蓬蘽（蔷薇科 Rosaceae）

Rubus hirsutus Thunb.

半常绿灌木。枝被腺毛、柔毛及散生稍直的刺。单叶互生；奇数羽状复叶；叶柄和小叶柄均具柔毛和腺毛；小叶片卵形或宽卵形，先端急尖或渐尖，基部圆形、心形或宽楔形，边缘有重锯齿，两面散生白色柔毛。花单生于枝顶；萼片三角状披针形，先端尾状，花后反折；花瓣倒卵形或近卵形；雄蕊多数，分离；心皮多数，离生。聚合果近球形。

生于路边或灌丛。常见。

160 **灰毛泡**（蔷薇科 Rosaceae）

Rubus irenaeus Focke

　　常绿灌木。茎密被灰白色绒毛状柔毛。单叶互生；叶片薄革质，近圆形，先端圆钝或急尖，基部心形，边缘波状或不明显浅裂，下面密被灰色或黄灰色绒毛；叶柄密被绒毛状柔毛。花单生于叶腋，或顶生伞房状、总状花序；萼片宽卵形，先端短渐尖，在果期反折；花瓣近圆形；雄蕊多数，分离；心皮多数，离生。聚合果球形。

　　生于路边林缘。较常见。

161 **高粱泡**（蔷薇科 Rosaceae）

Rubus lambertianus Ser.

半常绿蔓性灌木。茎幼时疏生细柔毛或无毛。单叶互生；叶片宽卵形，稀长圆状卵形，先端渐尖，基部心形，边缘明显 3～5 裂或呈波状，有微锯齿，上面疏生柔毛，下面脉上初生长硬毛。圆锥花序顶生；萼片三角状卵形；花瓣卵形，无毛；雄蕊多数，分离；雌蕊 15～20 枚，心皮多数，离生。聚合果球形。

生于林缘或林下。常见。

162 红腺悬钩子（蔷薇科 Rosaceae）

Rubus sumatranus Miq.

落叶灌木。小枝、叶轴、叶柄、花序轴和花梗均被紫红色刚毛状腺毛、柔毛及皮刺。奇数羽状复叶，互生；叶柄有柔毛和腺毛；小叶片纸质，卵状披针形至披针形，先端渐尖，基部圆形，偏斜，边缘有尖锐锯齿，两面疏生柔毛。花单生或数朵成伞房花序；苞片披针形；萼片披针形；花瓣长倒卵形或匙形；雄蕊多数，分离；心皮多数，离生。聚合果长圆形。

生于路边灌丛或山坡。较常见。

163 中华绣线菊（蔷薇科Rosaceae）

Spiraea chinensis Maxim.

　　落叶灌木。小枝幼时被黄色绒毛。单叶互生；叶片菱状卵形至倒卵形，先端急尖或圆钝，基部宽楔形或圆形，边缘有缺刻状粗锯齿，上面被短柔毛，下面密被黄色绒毛；叶柄被短绒毛。花两性；伞形花序；苞片线形，被短柔毛；萼片卵状披针形；花瓣近圆形；雄蕊22～25枚；心皮5(3～8)枚，离生。蓇葖果。

　　生于路边灌丛或山坡林缘。常见。

蔷薇科常见种分种检索表

1. 多年生草本。
　　2. 羽状复叶,至少基生叶为羽状复叶。
　　　　3. 茎上部叶为羽状复叶;花的萼片5枚,无副萼·············· 龙牙草 *Agrimonia coreana*
　　　　3. 茎上部叶为单叶;花具副萼　············· 柔毛水杨梅 *Geum japonicum* var. *chinense*
　　2. 三出复叶。
　　　　4. 花托在果成熟时增大为肉质;副萼较萼片大　············· 蛇莓 *Duchesnea indica*
　　　　4. 花托果成熟时干燥;副萼与萼片等大　············· 三叶委陵菜 *Potentilla freyniana*
1. 灌木、蔓性灌木、小乔木或乔木。
　　5. 心皮5枚,分离;果为开裂的蓇葖果;叶无托叶············· 中华绣线菊 *Spiraea chinensis*
　　5. 心皮2~5枚,合生,或1枚心皮;果实不裂;叶常有托叶。
　　　　6. 子房下位或半下位,心皮与花托内壁愈合;梨果。
　　　　　　7. 常绿性。
　　　　　　　　8. 花序为大型开展的圆锥花序;叶片长10~20cm,宽3~6cm ·················
　　　　　　　　　·················· 石楠 *Photinia serrulata*
　　　　　　　　8. 总状花序或圆锥花序;叶片长4~8cm,宽1.5~4cm ···············
　　　　　　　　　·················· 石斑木 *Rhaphiolepis indica*
　　　　　　7. 落叶性。
　　　　　　　　9. 复伞房花序具多数花;叶片不裂;果实卵球形,直径5~6mm ···············
　　　　　　　　　·················· 中华石楠 *Photinia beauverdiana*
　　　　　　　　9. 伞房花序具5~7枚花;叶片3浅裂;果扁球形,直径1~1.5cm ···············
　　　　　　　　　·················· 野山楂 *Crataegus cuneata*
　　　　6. 子房上位;瘦果或核果。
　　　　　　10. 果为聚合瘦果;萼片宿存。
　　　　　　　　11. 瘦果着生于杯状的肉质花托中。
　　　　　　　　　　12. 常绿灌木;小叶3枚,托叶与叶柄分离;花单生,花柱离生 ···············
　　　　　　　　　　　·················· 金樱子 *Rosa laevigata*
　　　　　　　　　　12. 落叶灌木;小叶3或5枚,托叶与叶柄合生;伞房花序;花柱合生 ···············
　　　　　　　　　　　·················· 软条七蔷薇 *Rosa heneyi*
　　　　　　　　11. 聚合瘦果着生在平坦或隆起的花托上。
　　　　　　　　　　13. 叶为单叶。
　　　　　　　　　　　　14. 落叶性;托叶全缘,与叶柄合生,宿存。

15. 叶片卵形或卵状披针形,不分裂;羽状叶脉 ··················

··················· 山莓 *Rubus corchorifolius*

15. 叶片近圆形,5裂(或3、7裂);掌状五出脉 ··················

··················· 掌叶悬钩子 *Rubus chingii*

14. 常绿或半常绿;托叶分裂,与叶柄分离,脱落。

16. 植株蔓生;花序常生于叶腋,缩短 ········ 寒莓 *Rubus buergeri*

16. 植株直立或近直立;花序顶生,伸长。

17. 托叶和苞片长2cm以下;叶片先端渐尖 ··················

··················· 高粱泡 *Rubus lambertianus*

17. 托叶和苞片长超过2cm;叶片先端圆钝 ··················

··················· 灰毛泡 *Rubus irenaeus*

13. 叶为羽状复叶。

18. 小枝、叶柄、花序轴均被紫红色腺毛、柔毛和皮刺;果实长圆球形

··················· 红腺悬钩子 *Rubus sumatranus*

18. 植株全体被淡褐色腺毛和柔毛;果实近球形··· 蓬蘽 *Rubus hirsutus*

10. 果为核果;萼片脱落。

19. 果实大型,具纵沟;花柱无毛;小枝无毛。

20. 果实被短柔毛,核有孔穴;具顶芽,腋芽3枚;花先叶开放 ··················

··················· 桃 *Prunus persica*

20. 果实无毛而具白粉,核光滑;缺顶芽,腋芽单生;花叶同放 ··················

··················· 李 *Prunus salicina*

19. 果实小,直径5~6mm;花柱基部具柔毛;小枝密被短硬毛 ··················

··················· 浙闽樱 *Prunus schneideriana*

164 **山合欢**（豆科 Leguminosae）

Albizia kalkora（Roxb.）Prain

落叶乔木或小乔木。小枝被短柔毛。二回羽状复叶互生，叶柄、叶轴及羽片轴被脱落性柔毛；小叶对生；小叶片长圆形或长圆状卵形，先端圆钝，有细尖头，基部偏斜，全缘，两面被脱落性短柔毛。花两性；头状花序腋生，或多个在枝顶排成伞房状；花冠白色；雄蕊20～50枚，基部合生成管状。荚果带状。

生于林中。较常见。

165 三籽两型豆（豆科 Leguminosae）

Amphicarpaea edgeworthii Benth.

　　一年生缠绕草本。全株密被倒向淡褐色粗毛。茎纤细。羽状三出复叶；顶生小叶片菱状卵形或宽卵形，先端钝，有小尖头，基部圆形或宽楔形，两面密被贴伏毛；侧生小叶片偏卵形。总状花序；花冠白色或淡紫色，旗瓣倒卵形，翼瓣椭圆形，有耳，龙骨瓣具瓣柄；雄蕊 10 枚。荚果镰形。

　　生于路边。常见。

166 春云实（豆科 Leguminosae）

Caesalpinia vernalis Champ. ex Benth.

　　常绿木质藤本。全体密被锈色绒毛及倒钩皮刺。小枝具纵棱。二回羽状复叶，小叶互生；小叶片卵状披针形、卵形或椭圆形，先端急尖，基部圆形，下面被锈色绒毛。圆锥花序腋生或顶生；花冠黄色；萼片5枚，基部合生；雄蕊10枚，基部分离，花丝基部被柔毛；子房被柔毛。荚果斜长圆形。

　　生于路边灌丛。少见。

167 黄檀（豆科 Leguminosae）

Dalbergia hupeana Hance

　　落叶乔木。当年生小枝绿色，皮孔明显，无毛；二年生小枝灰褐色。奇数羽状复叶，小叶互生；小叶片长圆形或宽椭圆形，先端圆钝，微凹，基部圆形或宽楔形，全缘，两面被平伏短柔毛。圆锥花序顶生或腋生；花萼3枚；花冠淡紫色或黄白色；雄蕊10枚，药室顶裂；子房无毛。荚果长圆形。

　　生于林中或路边林缘。常见。

168 ## 小槐花（豆科 Leguminosae）

Desmodium caudatum（Thunb.）DC.

　　灌木。茎直立,多分枝。羽状三出复叶;小叶片披针形、宽披针形或长椭圆形,稀椭圆形,先端渐尖或尾尖,稀钝尖,基部楔形或宽楔形,稀圆形。总状花序腋生或顶生;花序轴密被柔毛;花萼密被毛;花冠绿白色或淡黄白色,旗瓣长圆形,先端圆钝,翼瓣狭小,基部有瓣柄,龙骨瓣狭长圆形,基部亦有瓣柄;雄蕊10枚。荚果带状。

　　生于路边或溪沟边。常见。

169 ## 宽卵叶山蚂蝗（豆科 Leguminosae）

Desmodium podocarpum DC. subsp. *fallx*（Schindl.）Ohashi

　　小灌木或半灌木。羽状三出复叶,聚生或近聚生于茎顶;叶柄疏被短柔毛;小叶片宽卵形,先端渐尖或急尖,基部阔楔形或圆形,两面被短柔毛;小叶柄密被柔毛。圆锥花序顶生;花萼疏被毛;花冠紫红色;雄蕊10枚,单体;子房微被毛。荚果。

　　生于路边。较常见。

170 ## 宜昌木蓝（豆科Leguminosae）

Indigofera decora Lindl. var. *ichangensis*（Craib）Y. Y. Fang et C. Z. Zheng

小灌木。茎圆柱形或有棱，无毛或近无毛。奇数羽状复叶，小叶对生或下部偶互生；小叶片卵状椭圆形，先端渐尖或急尖，稀圆钝，基部楔形或宽楔形，两面有毛。总状花序腋生；花冠淡紫色、粉红色，稀白色，旗瓣外被短柔毛；雄蕊10枚。子房无毛。荚果线状圆柱形。

生于林缘路边。较常见。

171 马棘（豆科 Leguminosae）

Indigofera pseudotinctoria Matsum.

　　小灌木。茎多分枝，枝细长，幼时明显具棱，被平贴"丁"字形毛。羽状复叶，小叶7～11枚；叶柄被毛；小叶片倒卵状椭圆形、倒卵形或椭圆形，先端圆或微凹，两面被平贴毛。总状花序腋生，花密集；花冠淡红色或紫红色，旗瓣外被"丁"字形毛；雄蕊10枚；子房线形，被毛。荚果线状圆柱形。

　　生于路边。常见。

172 胡枝子（豆科 Leguminosae）

Lespedeza bicolor Turcz.

直立灌木。小枝黄色或略褐色，有棱，幼嫩部分被短柔毛。羽状3枚小叶；叶柄被白色短柔毛；小叶片纸质或草质，卵形、倒卵形或卵状椭圆形，先端圆钝或微凹，稀稍尖，基部圆形或宽楔形，全缘，下面被短柔毛。总状花序腋生，在枝顶常成圆锥花序；花冠红紫色；雄蕊10枚；子房被短柔毛。荚果斜卵形或斜倒卵形。

生于路边。较常见。

173 美丽胡枝子（豆科 Leguminosae）

Lespedeza formosa（Vogel）Koehne

　　直立灌木。枝稍具棱，幼时被白色柔毛。3枚小复叶；叶柄被短柔毛；顶生小叶片厚纸质或薄革质，卵形、倒卵形或近圆形，先端圆钝、微凹缺，稀钝尖，全缘，上面无毛或疏被短柔毛，下面贴生短柔毛；侧生小叶片较小。总状花序腋生或圆锥花序顶生；花冠紫红色；雄蕊10枚；子房密被柔毛。荚果斜卵形或长圆形，贴生柔毛。

　　生于山坡路边。常见。

174 香花崖豆藤（豆科 Leguminosae）

Millettia dielsiana Harms ex Diels

常绿木质藤本。小枝被毛或几无毛。羽状复叶；小叶片椭圆形、长圆形、披针形或卵形，先端渐尖至圆钝，基部钝圆，边缘向下反卷，下面幼时多少被短柔毛。圆锥花序顶生，密被黄褐色绒毛；花冠紫红色，旗瓣密被金黄色或锈色丝状绒毛；雄蕊10枚；子房密被短绒毛。荚果线形，密被灰色绒毛。

生于路边灌丛或林中。常见。

175 野葛（豆科 Leguminosae）

Pueraria lobata（Willd.）Ohwi

多年生藤本。小枝密被棕褐色粗毛。羽状三出复叶；小叶片全缘，有时浅裂，上面疏被贴伏毛，下面毛较密，并有霜粉；顶生小叶片菱状卵形，基部圆形；侧生小叶片较小，斜卵形。总状花序腋生；花冠紫红色，旗瓣近圆形，先端微凹，翼瓣卵形，一侧或两侧有耳，龙骨瓣为两侧不对称的长方形；雄蕊10枚。荚果线形。

生于路边山坡。常见。

176 广布野豌豆（豆科 Leguminosae）

Vicia cracca L.

多年生蔓性草本。茎具棱，疏生短柔毛。羽状复叶；小叶片狭椭圆形、线形至线状披针形，先端圆钝，具小尖头，基部圆形，两面疏生毛或近无毛。总状花序腋生；花萼外被黄色短柔毛；花冠蓝色或淡红色，旗瓣提琴形，先端微凹，翼瓣与之近等长，龙骨瓣具瓣柄；雄蕊10枚。子房有柄，花柱上部被长柔毛。荚果长圆形。

生于路边。常见。

177 小巢菜（豆科 Leguminosae）

Vicia hirsuta（L.）Gray

一年生或二年生草本。茎纤细，具棱，几无毛或疏生短柔毛。偶数羽状复叶；小叶片线形或线状长圆形，先端截形，基部楔形。总状花序腋生；花萼外面疏被短柔毛；花冠淡紫色，稀白色，旗瓣椭圆形，先端截形，有小尖头，翼瓣与之近等长，先端圆钝，具瓣柄，无耳，龙骨瓣具瓣柄；雄蕊10枚。子房无柄，密生棕色长硬毛。荚果扁平，长圆形。

生于路边。常见。

178 大巢菜（豆科 Leguminosae）

Vicia gigantea Bunge

一年生或二年生草本。茎疏被黄色短柔毛。偶数羽状复叶；小叶片线形，倒卵状长圆形或倒披针形，先端截形或微凹，具小尖头，基部楔形，两面疏生黄色短柔毛。花腋生；花萼外面被黄色短柔毛；花冠紫红色，旗瓣宽卵形，有宽瓣柄，翼瓣倒卵状长圆形，有耳，龙骨瓣先端稍弯，具瓣柄；雄蕊10枚。子房有短柄，被黄色短柔毛。荚果扁平，线形。

生于路边。常见。

179 紫藤（豆科 Leguminosae）

Wisteria sinensis (Sims) Sweet

落叶木质藤本。嫩枝伏生丝状毛。奇数羽状复叶，小叶对生；小叶片卵状披针形或卵状长圆形，先端渐尖或尾尖，基部圆形或宽楔形，幼时两面被柔毛，后仅中脉被柔毛；小叶柄密被短柔毛。总状花序顶生；花萼被疏柔毛；花冠紫色或深紫色；雄蕊10枚；子房密被灰白色绒毛。荚果线形或线状倒披针形，密被灰黄色绒毛。

生于林中或林缘。常见。

豆科常见种分种检索表

1. 花辐射对称；雄蕊对数；叶为二回羽状复叶 ·························· 山合欢 *Albizia kalkora*
1. 花两侧对称；雄蕊5或10枚；叶为一回羽状复叶或三出复叶。
  2. 花冠为假蝶形，花瓣呈上升的覆瓦状排列；花丝分离；全体具倒钩皮刺
  ·························· 春云实 *Caesalpinia vernalis*
  2. 蝶形花冠，花瓣呈下降的覆瓦状排列；雄蕊通常合生成二体。
    3. 乔木、灌木或木质藤本。
      4. 植物体明显直立。

5. 高大乔木;羽状复叶的小叶互生 ……………………… 黄檀 *Dalbergia hupeana*

5. 灌木或小灌木;三出复叶,或羽状复叶时其侧生小叶对生。

  6. 三出复叶。

    7. 荚果具数个种间缢缩的荚节,成熟时逐节断裂。

      8. 荚果背腹缝线均波状缢缩;无果颈;叶柄具狭翅 …………………

      ………………………………………… 小槐花 *Desmodium caudatum*

      8. 荚果仅背缝强烈缢缩,几达腹缝;具果颈;叶柄无翅 …………

      …………… 宽卵叶山蚂蝗 *Desmodium podocarpum* subsp. *fallx*

    7. 荚果并非由荚节组成。

      9. 小叶片草质或纸质;花长9～10mm;萼齿短于萼筒 …………

      ………………………………………… 胡枝子 *Lespedeza bicolor*

      9. 小叶片厚纸质;花长10～13mm;萼齿长于或近等长于萼筒 …………

      ………………………………… 美丽胡枝子 *Lespedeza formosa*

  6. 羽状复叶具小叶7～13枚。

    10. 花长5～6mm;荚果被毛 …………… 马棘 *Indigofera pseudotinctoria*

    10. 花长12～16mm;荚果无毛 … 宜昌木蓝 *Indigofera decora* var. *ichangensis*

4. 藤本植物。

  11. 常绿植物;荚果通常不裂 ……………………… 紫藤 *Wisteria sinensis*

  11. 落叶植物;荚果开裂 ……………… 香花崖豆藤 *Millettia dielsiana*

3. 草本或蔓性草本。

  12. 三出复叶。

    13. 花同型,10余朵组成总状花序;花轴具节瘤;托叶盾状着生 …………

    ………………………………………… 野葛 *Pueraria lobata*

    13. 花二型,3～6朵组成短总状花序;花轴不具节瘤;托叶基着 …………

    ………………………… 三籽两型豆 *Amphicarpaea edgeworthii*

  12. 羽状复叶,具多枚小叶,叶轴顶端具卷须。

    14. 总状花序具7至多数花;小叶较多,8～24枚 …… 广布野豌豆 *Vicia cracca*

    14. 总状花序花6朵或更少;小叶较少,6～16枚。

      15. 花序仅具1或2朵花,无花序梗 ……………… 大巢菜 *Vicia gigantea*

      15. 花序具2～6朵花,具明显的花序梗 ……………… 小巢菜 *Vicia hirsuta*

180 **酢浆草**（酢浆草科 Oxalidaceae）

Oxalis corniculata L.

　　多年生草本。无鳞茎,地上茎柔弱,有时节上生不定根。掌状三出复叶互生;叶柄被柔毛;小叶片倒心形,被疏柔毛。聚伞花序腋生;花瓣黄色;雄蕊10枚;花柱5裂。蒴果近圆柱形。

　　生于路边或荒地。常见。

181 **野老鹳草**（牻牛儿苗科 Geraniaceae）

Geranium carolinianum L.

　　一年生草本。茎幼时直立，后平伏或斜升，基部分枝，嫩枝密被倒生柔毛。叶在茎下部的互生，上部的对生；叶片圆肾形，掌状5～7深裂，裂片再3～5浅裂至中裂，小裂片线形，先端锐尖，两面有短伏毛。花成对集生于茎顶或上部叶腋；花梗被腺毛或腺毛脱落而呈柔毛状；花瓣淡红色；雄蕊10枚，花丝基部离生。蒴果。

　　生于路边或杂草丛。常见。

182 臭辣树（芸香科 Rutaceae）
Evodia fargesii Dode

　　落叶乔木。枝暗紫褐色。奇数羽状复叶对生；叶柄被毛；小叶片椭圆状披针形、卵状长圆形至披针形，先端长渐尖，基部宽楔形至近圆形，常偏斜，边缘有不明显钝锯齿，两面沿脉被毛。聚伞花序顶生；花单性异株；花萼4或5枚；雄花的雄蕊4或5枚，花丝中部以下被长柔毛；雌花的雌蕊由4或5枚心皮组成，花柱连合。蓇葖果。

　　生于路边或沟边。较常见。

183 苦木（苦木科 Simaroubaceae）

Picrasma quassioides（D. Don）Benn.

　　落叶灌木或小乔木。一年生或二年生小枝有红棕色短柔毛,密布小气孔。奇数羽状复叶互生;叶轴、叶柄有棕色短柔毛;小叶片卵形至椭圆状卵形,先端渐尖,基部宽楔形或近圆形,歪斜,边缘有不整齐的疏钝锯齿。花雌雄异株;聚散花序组成的圆锥花序腋生;萼片4或5枚,被毛;花瓣黄绿色;雄蕊4或5枚;心皮4或5枚。核果近圆球形至椭圆状倒卵形。

　　生于林中。少见。

184 **楝树**（楝科 Meliaceae）

Melia azedarach L.

　　落叶乔木。小枝粗壮，有叶痕，具灰白色皮孔。二至三回羽状复叶互生；小叶片卵形、椭圆状卵形、卵状披针形至披针形，先端渐尖至长渐尖，基部楔形至圆形，边缘具粗钝锯齿，下面幼嫩时有褐色星状粉状毛。圆锥花序腋生；花萼两面有密短柔毛；花瓣紫色，两面有短柔毛，外面较密；雄蕊10枚，花丝合生成管。核果近球形或卵形。

　　生于路边或村落旁。常见。

185 狭叶香港远志（远志科Polygalaceae）

Polygala hongkongensis Hemsl. var. *stenophylla* Migo

多年生草本至灌木。茎、枝被卷曲短柔毛或无毛。单叶互生；叶片薄纸质至厚纸质，线形至线状披针形，先端渐尖，基部圆形。总状花序顶生或兼有腋生；花白色或紫色，花瓣3枚，约2/5以下合生，基部内侧被短柔毛，龙骨瓣盔状，背面顶端具鸡冠状附属物，附属物呈流苏状；雄蕊8枚，花丝2/3以下合生成鞘，并具缘毛。蒴果近圆形。

生于路边。常见。

186 **瓜子金**（远志科 Polygalaceae）

Polygala japonica Houtt.

多年生草本。根木质。茎丛生，微被短柔毛。叶片果期近革质或厚纸质，卵形、长圆形、卵状披针形至披针形，先端急尖，幼时具小尖头，基部圆钝或楔形，边缘反卷，两面中脉上被短柔毛。总状花序于叶对生或腋外生；花白色或堇色，侧瓣长圆形，龙骨瓣舟形，先端背面具流苏状附属物；雄蕊8枚，全部合生成鞘。蒴果近圆形。

生于路边。少见。

187 **铁苋菜**（大戟科 Euphorbiaceae）

Acalypha australis L.

一年生草本。茎直立，茎伏生向上的白色硬毛。单叶互生；叶片卵形至椭圆状披针形，先端渐尖或钝尖，基部渐狭或宽楔形，上面被疏柔毛或近无毛，下面沿叶脉伏生硬毛；叶柄伏生硬毛。穗状花序腋生；雄花簇生于花序上部，雄蕊8枚；雌花生于花序下部。蒴果三角状半圆形。

生于路边或草丛。常见。

188　地锦草（大戟科 Euphorbiaceae）

Euphorbia humifusa Willd.

一年生草本。茎匍匐。单叶对生；叶片长圆形，先端钝圆，基部常偏斜，边缘有细锯齿，两面无毛或疏被柔毛；叶柄短；托叶深裂。杯状花序单生于叶腋；总苞浅红色，具白色花瓣状附属物。蒴果三棱状球形。

生于荒地或草丛。常见。

189 斑地锦（大戟科 Euphorbiaceae）

Euphorbia maculata L.

一年生草本。全体疏被开展的白色长柔毛。茎匍匐。叶对生；叶片长圆形或倒卵形，先端钝圆或微凹，基部圆形，边缘具稀疏、不明显细锯齿，上面中央常有紫褐色斑纹，下面被稀疏白色长柔毛。杯状花序单一或数个排成聚伞花序生于叶腋。蒴果三角状卵形，表面疏被白色细柔毛。

生于荒地或草丛。常见。

190 **白背叶**（大戟科 Euphorbiaceae）

Mallotus apelta（Lour.）Müll-Arg.

直立灌木或小乔木。小枝、叶柄及花序均密被白色或淡黄色星柔毛，散生橙红色腺体。单叶互生；叶片宽卵形，先端渐尖，基部圆形或宽楔形，边缘有稀疏的锯齿，上面无毛或散生星状毛，下面密被星柔毛。穗状花序顶生；花单性同株；雄花萼片4枚，雄蕊50～65枚；雌花萼片外面密被星状毛。蒴果近球形，密生软刺及星柔毛。

生于沟边林缘。常见。

191 锈叶野桐（大戟科 Euphorbiaceae）

Mallotus lianus Croizat

　　落叶乔木。小枝、叶柄及花序均密被星柔毛和金黄色腺体。单叶互生；叶片宽卵形至三角状卵形，先端渐尖，基部圆形，全缘，上面无毛或散生星状毛，下面密被星柔毛；叶柄盾状着生。穗状花序顶生；花单性同株；雄花萼片4枚，雄蕊多数；雌花萼片外面密被星状毛。蒴果球形，密生软刺及星柔毛。

　　生于沟边或山坡林中。常见。

192 **青灰叶下珠**（大戟科 Euphorbiaceae）

Phyllanthus glaucus Wall. ex Müll-Arg.

落叶灌木。叶互生；叶片椭圆形至长圆形，先端有小尖头，基部圆形或宽楔形，全缘或微波状。花单性同株，簇生于叶腋；无花瓣；雄花萼片5枚，雄蕊5枚；雌花萼片5枚。浆果球形。

生于沟边。少见。

193 乌桕（大戟科 Euphorbiaceae）

Sapium sebiferum（L.）Roxb.

落叶乔木。叶互生；叶片纸质，菱形或菱状卵形，先端渐尖或突尖，基部楔形，全缘。花单性，通常同株同序；总状花序顶生；雄花具雄蕊2枚，花丝分离；雌花具花柱3枚。蒴果梨状球形。

生于路边或沟边，多为栽培。

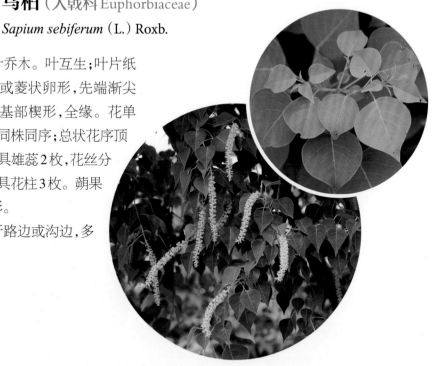

大戟科常见种分种检索表

1. 一年生草本。
  2. 穗状花序；雄花具雄蕊8枚；茎直立 ···················· 铁苋菜 *Acalypha australis*
  2. 杯状聚伞花序；雄花仅具1枚雄蕊；茎匍匐。
    3. 枝、叶均无毛；蒴果无毛 ························· 地锦草 *Euphorbia humifusa*
    3. 枝、叶均被开展的长柔毛；蒴果被细柔毛 ············ 斑地锦 *Euphorbia maculata*
1. 木本植物。
  4. 蒴果表面密生软刺。
    5. 小枝、叶柄、花序均被淡黄色至白色星状毛；叶柄非盾状着生 ····················
      ·· 白背叶 *Mallotus apelta*
    5. 小枝、叶柄、花序均被红褐色星状毛；叶柄盾状着生 ····· 锈叶野桐 *Mallotus lianus*
  4. 蒴果表面光滑。
    6. 叶片椭圆形至长圆形；花簇生于叶腋 ············· 青灰叶下珠 *Phyllanthus glaucus*
    6. 叶片菱形或菱状卵形；总状花序顶生 ················· 乌桕 *Sapium sebiferum*

194 **交让木**（虎皮楠科 Daphniphyllaceae）

Daphniphyllum macropodum Miq.

半常绿小乔木。单叶互生，多集生于枝顶；叶片椭圆形或长圆状椭圆形，先端短渐尖，基部楔形，全缘。雄花序总状，生于枝顶叶腋；雄花无花被，萼片1或2枚，雄蕊6～9枚。雌花无花萼，基部有退化雄蕊10枚，雌蕊顶部几无花柱，柱头2裂。核果椭圆状球形。

生于沟边或林缘。少见。

195 **山茶叶冬青**（冬青科 Aquifoliaceae）

Ilex camelliifolia X. F. Jin et al., ined.

常绿灌木或小乔木。小枝无毛。单叶互生；叶片薄革质，卵形或卵状椭圆形，先端渐尖，基部圆形，边缘波状，具圆齿状浅锯齿。花单生，数朵簇生于叶腋；花梗中下部具2枚钻形苞片；萼片4枚，边缘有睫毛；花瓣4枚，近基部合生；雄蕊4枚，稍长于花瓣；子房卵球形。果近球形，成熟时鲜红色。

为调查过程中发现的新种，生于沟边林缘。少见。

196 大叶冬青（冬青科 Aquifoliaceae）

Ilex latifolia Thunb.

常绿大乔木。小枝粗壮，有纵裂纹和棱。单叶互生，稀对生；叶片厚革质，长圆形或卵状长圆形，先端短渐尖或钝，基部宽楔形或圆形，边缘有疏锯齿。花序簇生于叶腋，圆锥状；花萼4枚，花瓣卵形；雄花序每枝3～9朵花，雄蕊与花冠等长；雌花序每枝1～3朵花，子房卵形。果球形，成熟时鲜红色。

生于沟边林缘或林下。较常见。

197 **冬青**（冬青科 Aquifoliaceae）

Ilex purpurea Hassk.

常绿乔木。小枝全体无毛。单叶互生，稀对生；叶片薄革质，长椭圆形至披针形，稀卵形，先端渐尖，基部宽楔形，边缘具钝齿或稀锯齿。复聚伞花序单生于叶腋，花4或5枚；雄花花瓣卵圆形，雄蕊比花冠短；雌花花瓣似雄花，柱头厚盘状。果椭圆形，成熟时鲜红色。

生于林中、林下或林缘。较常见。

198 尾叶冬青（冬青科 Aquifoliaceae）
Ilex wilsonii Loes.

常绿乔木。小枝有棱，近无毛。单叶互生，稀对生；叶片革质，卵形或椭圆形，先端尾状渐尖，顶端钝，有骨质小尖，基部楔形或圆形，全缘。花序簇生于叶腋；雄花序每枝为聚伞花序或伞形状；雌花序花萼和花冠似雄花，柱头厚盘状。果球形，成熟时鲜红色。

生于沟边林缘。常见。

199 ## 哥兰叶（卫矛科 Celastraceae）

Celastrus gemmatus Loes.

　　落叶藤本。小枝具多数皮孔。单叶互生；叶片椭圆形或卵状椭圆形，先端渐尖至急尖，基部近圆形至平截，边缘具细锯齿，脉上具柔毛。聚伞花序排成圆锥状，顶生兼腋生或侧生；花单性异株；雄蕊5枚，约与花冠等长；雌蕊瓶状，花瓣3裂。蒴果近球形。

　　生于林缘灌丛或路边灌丛。较常见。

200 野鸦椿（省沽油科 Staphyleaceae）

Euscaphis japonica (Thunb.) Kanitz

灌木或小乔木。小枝无毛。奇数羽状复叶,叶对生;叶片厚纸质,椭圆形、卵形至长卵形,先端渐尖至长渐尖,基部圆形或宽楔形,常偏斜,边缘具细锐锯齿。花两性;圆锥花序顶生;花瓣5枚;雄蕊5枚。蓇葖果。

生于路边或林缘。常见。

201 紫果槭（槭树科 Aceraceae）

Acer cordatum Pax

　　常绿乔木。小枝细瘦，无毛。单叶对生；叶片纸质或近革质，卵状长圆形，稀卵形，先端渐尖，基部近心形，上半部具稀疏的细锯齿，下半部全缘。伞房花序顶生；萼片5枚；花瓣5枚；雄蕊8枚，与花瓣近等长。翅果。

　　生于沟边林缘。较常见。

202 青榨槭（槭树科 Aceraceae）

Acer davidii Franch.

落叶乔木。小枝细瘦,圆柱形。单叶对生;叶片纸质,长圆状卵形或近长圆形,先端锐尖或渐尖,常有尖尾,基部近心形或圆形,边缘具不整齐的圆钝锯齿。雄花9～12枚,与两性花同株,顶生总状花序;两性花15～30枚,总状花序;雄蕊8枚,在雄花中略长于花瓣,在两性花中不发育,球形;花柱无毛,细瘦,柱头反卷。翅果。

生于路边或林中。较常见。

203 **毛脉槭**（槭树科 Aceraceae）

Acer pubinerve Rehder

　　落叶乔木。小枝圆柱形，无毛。单叶对生；叶片纸质，近圆形，先端尾状锐尖，基部近心形，边缘处近裂片基部全缘外，其余部分均具紧贴的钝尖锯齿。花杂性，雄花与两性花同株，圆锥花序顶生；雄蕊8枚，在雄花中约与萼片等长，在两性花中常较短。翅果长圆形，有细毛。

　　生于林缘或林中。常见。

204 **武义毛脉槭**（槭树科 Aceraceae）

Acer pubinerve Rehder var. *wuyiense* X. Y. Zhang, Z. H. Chen et W. J. Chen

　　与毛脉槭的主要区别在于：叶片基部平截，三裂或不明显五裂，五裂者基部的二裂片小，长不及6mm。

　　本次调查发现的新变种，生于沟边。少见。

205 红枝柴（清风藤科 Sabiaceae）

Meliosma oldhamii Miq. ex Maxim.

　　落叶小乔木。奇数羽状复叶，小叶对生或近对生；小叶片纸质，下部的卵形，其余的狭卵形至椭圆状卵形，先端锐渐尖，基部圆钝或宽楔形，边缘有稀锐而锐尖的小锯齿，上面散生细微的短伏毛，下面疏被柔毛或趋于无毛，脉腋间常有髯毛。圆锥花序顶生或腋生；雄蕊5枚。核果球形。

　　生于路边林缘。较少见。

206 鄂西清风藤（清风藤科Sabiaceae）

Sabia campanulata Wall. subsp. *ritchieae*（Rehder et E. H. Wilson）Y. F. Wu

落叶攀援木质藤本。幼枝无毛或微被毛。单叶；叶片纸质，长圆状卵形、长圆状椭圆形或卵形，先端渐尖，基部宽楔形或圆钝。两性花，单生于叶腋；雄蕊5枚，花药卵形，内向开裂；花柱2枚，柱头小，合生。分果近圆形或阔倒卵形。

生于路边或沟边灌丛。常见。

207 凤仙花（凤仙花科Balsaminaceae）

Impatiens balsamina L.

一年生或多年生草本。茎粗壮，肉质，直立或横卧。单叶互生，最下部叶有时对生；叶片披针形、狭椭圆形或倒披针形，先端尖或渐尖，基部楔形，边缘有锐锯齿，基部常有数对无柄的黑色腺体。花单生，或2或3枚簇生于叶腋；雄蕊5枚，花丝线形，花药卵球形。蒴果宽纺锤形。

栽培供观赏。

208 **牯岭勾儿茶**（鼠李科 Rhamnaceae）
Berchemia kulingensis C. K. Schneid.

　　藤状灌木。小枝无毛，平展。叶互生；叶片纸质，卵状椭圆形或卵状长圆形，先端钝圆或尖，具小尖头，基部圆形或近心形，全缘或近全缘。花两性，无毛，常2或3枚簇生而再排成疏散聚伞总状花序。核果长圆柱形。

　　生于路边灌丛。较常见。

209 **长叶冻绿**（鼠李科 Rhamnaceae）
Rhamnus crenata Siebold et Zucc.

　　灌木或小乔木。幼枝被毛。叶互生；叶片倒卵状椭圆形、椭圆形或倒卵形，先端渐尖、短突尖，基部楔形，边缘具圆细锯齿，下面被柔毛；叶柄密被柔毛。聚伞花序腋生，被毛；雄蕊4或5枚，与花瓣等长而短于萼片；花柱不分裂。核果球形。

　　生于路边山坡。常见。

牯岭蛇葡萄（葡萄科 Vitaceae）

210

Ampelopsis brevipednculata（Maxim.）Maxim. ex Trautv. var. *kulingensis* Rehder

　　落叶木质藤本。全体无毛或近无毛；枝较粗；卷须分叉。单叶；叶片纸质，心状五角形或肾状五角形，明显三浅裂，侧裂片先端渐尖，常稍呈尾状，基部浅心形，边缘有牙齿。花小，两性；聚伞花序；雄蕊5枚。浆果近球形。

　　生于林缘灌丛。较常见。

211 广东蛇葡萄（葡萄科 Vitaceae）

Ampelopsis cantoniensis（Hook. et Arn.）K. Koch

　　落叶木质藤本。全体无毛，多少被白粉。一回或近二回羽状复叶，互生；小叶片近革质，卵形或卵状长圆形，先端短尖或渐尖，基部钝或圆形，幼时阔楔形，边缘有稀疏而不明显的锯齿。花两性；二歧聚伞花序；花柱短，圆柱状。浆果倒卵状球形。

　　生于沟边灌丛。较常见。

212 乌蔹莓（葡萄科 Vitaceae）

Cayratia japonica（Thunb.）Gagnep.

多年生草质藤本。卷须分叉。鸟足状复叶，小叶5枚；小叶片膜质，椭圆形或狭卵形，先端急尖或短渐尖，基部楔形，边缘有锯齿，两面中脉均有短柔毛；叶柄长。聚伞花序腋生，伞房状；花小，黄绿色；花萼不明显；花瓣4枚，先端无角；雄蕊4枚，与花瓣对生；子房陷于花盘内。浆果卵球形，成熟时黑色。

生于路边或灌丛。常见。

213 异叶爬山虎（葡萄科 Vitaceae）

Parthenocissus heterophylla（Bl.）Merr.

落叶攀援藤本。卷须短而分枝。叶片异型，厚纸质；能育枝上的叶为三出复叶，中间小叶片长卵形至长卵状披针形，先端渐尖，基部宽楔形，侧生小叶片斜卵形，边缘具不明显的小齿，或近全缘。聚伞花序多分枝；花瓣4或5枚；雄蕊5枚；花柱短，圆锥形。浆果球形。

生于路边或灌丛。常见。

214 刺葡萄（葡萄科 Vitaceae）

Vitis davidii（Rom. Caill.）Foëx

落叶木质藤本。茎粗壮；幼枝密生直立或顶端稍弯曲的皮刺。叶片宽卵形至卵圆形，先端短渐尖，基部心形，边缘有波状的细锯齿，上面脉上微有短柔毛或近无毛，下面除主脉上和脉腋有短柔毛外，余无毛。圆锥花序，花小；花瓣5枚；雄蕊5枚。浆果球形。

生于林中或林缘。较常见。

215 网脉葡萄（葡萄科 Vitaceae）

Vitis wilsoniae H. J. Veitch

　　落叶木质藤本。幼枝近圆柱形，有白色蜘蛛状毛，后变无毛。叶片心形或心状卵形，边缘有波状牙齿或稀疏小齿，下面沿脉有锈色蛛丝状毛。圆锥花序狭长；花小；花瓣5枚；雄蕊5枚。浆果球形。

　　生于林中。少见。

葡萄科常见种分种检索表

1. 圆锥花序；花瓣顶端相互粘连，整体呈帽状脱落。
　　2. 小枝有皮刺；叶片背面沿脉有短柔毛 ⋯⋯⋯⋯⋯⋯⋯⋯⋯⋯⋯⋯⋯ 刺葡萄 *Vitis davidii*
　　2. 小枝无刺；叶片背面沿脉有蛛丝状毛 ⋯⋯⋯⋯⋯⋯⋯⋯ 网脉葡萄 *Vitis wilsonae*
1. 聚伞花序；花瓣离生，不呈帽状脱落。
　　3. 叶为鸟足状复叶；花序腋生；花瓣、雄蕊均为4枚 ⋯⋯⋯⋯ 乌蔹莓 *Cayratia japonica*
　　3. 叶为羽状复叶、三出复叶或单叶；花序与叶对生或顶生；花瓣、雄蕊均为5枚。
　　　　4. 叶片异型，三出复叶和单叶均存在；卷须扩大成吸盘；花盘不明显 ⋯⋯⋯⋯
　　　　⋯⋯⋯⋯⋯⋯⋯⋯⋯⋯⋯⋯⋯ 异叶爬山虎 *Parthenocissus heterophylla*
　　　　4. 叶片同型，单叶或羽状复叶；卷须分叉，无吸盘；花盘发达。
　　　　　　5. 单叶，三浅裂 ⋯⋯⋯⋯⋯ 牯岭蛇葡萄 *Ampelopsis brevipednculata* var. *kulingensis*
　　　　　　5. 羽状复叶 ⋯⋯⋯⋯⋯⋯⋯⋯⋯⋯⋯⋯ 广东蛇葡萄 *Ampelopsis cantoniensis*

216 薯豆（杜英科 Elaeocarpaceae）

Elaeocarpus japonicus Siebold et Zucc.

　　乔木。小枝疏被短柔毛或几无毛。叶互生；叶片革质，矩圆形或椭圆形，先端渐尖，基部圆形或近圆形，边缘有浅锯齿。总状花序腋生；花杂性，下垂；花瓣与萼片等长，矩圆形，萼片与花瓣内、外均被柔毛；雄蕊常10枚。核果椭圆形。

　　生于沟边林缘或林中。较常见。

217 木槿（锦葵科 Malvaceae）

Hibiscus syriacus L.

　　落叶灌木。嫩枝被黄褐色星状绒毛。叶互生；叶片菱状卵形或三角状卵形，先端渐尖或钝，基部楔形，边缘具不整齐粗齿。花两性，单生于枝端叶腋，被星状短柔毛；小苞片6～8枚，线形，密被星状绒毛；雄蕊花柱5裂，枝光滑无毛。蒴果卵圆形，密被黄色星状绒毛。

　　生于路边，或为栽培。常见。

218 **中华猕猴桃**（猕猴桃科 Actinidiaceae）
Actinidia chinensis Planch.

　　落叶大藤本。幼枝密被灰白色短绒毛或锈褐色硬毛状刺毛。叶互生；叶片纸质，宽卵形、倒宽卵形、圆形至椭圆形，先端突尖、微凹或平截，基部钝圆、平截或浅心形，边缘具刺毛状小齿，下面密生星状绒毛。聚伞花序腋生；雄蕊极多，花药"丁"字形着生；花柱狭条形。浆果圆球形、卵球圆形或长圆状球形。

　　生于林缘或林中。常见。

219 **尖连蕊茶**（山茶科 Theaceae）

Camellia cuspidata（Kochs）H. J. Veitch

　　灌木。小枝无毛。单叶互生；叶片窄椭圆形、披针形椭圆形或倒卵状椭圆形，少有卵形，先端钝渐尖至尾状渐尖，基部楔形，边缘有锯齿。花1或2枚，顶生于叶腋；雄蕊多数无毛，自基部连生至中部以下；花柱无毛，近顶部3裂。蒴果球形。

　　生于林中。常见。

220 **油茶**（山茶科 Theaceae）

Camellia oleifera C. Abel

　　灌木。分枝细长，小枝有毛或后变无毛。单叶互生；叶片椭圆形，先端急尖至渐尖，基部楔形，两面常沿中脉有毛或下面无毛。花顶生或腋生，白色；苞片及萼片共8～10枚；雄蕊外轮基部近离生至向上2/5处连生，无毛，内轮完全分离；花柱顶端3裂或几全部分离，近基部有毛。蒴果球形、椭圆形或扁球形。

　　林下栽培。常见。

221 茶（山茶科 Theaceae）

Camellia sinensis（L.）Kuntze

　　灌木。小枝有细柔毛。单叶互生；叶片薄革质，椭圆形至长椭圆形，先端短急尖，常钝或微凹，基部楔形，边缘有锯齿，下面疏生平伏毛或几无毛。花腋生或顶生；雄蕊多数，外轮花丝连合成短筒，并与花瓣合生；花柱合生，上部3裂。蒴果近球形或三角状球形。

　　常见栽培。

222 红淡比（山茶科 Theaceae）

Cleyera japonica Thunb.

　　小乔木或灌木。全枝除花外,其余无毛。小枝具2条棱或萌芽枝无棱。叶两列状互生;叶片革质,通常椭圆形或倒卵形,先端急短钝尖至钝渐尖,基部楔形,全缘。花两性,单生或腋生;花瓣5枚;雄蕊约25枚。浆果球形。

　　生于路边或林缘。较常见。

223 **微毛柃**（山茶科 Theaceae）

Eurya hebeclados Y. Ling

灌木或小乔木。嫩枝圆柱形,极少数微具棱,被直立微柔毛。叶两列状互生;叶片革质,长椭圆状卵形、长椭圆形至圆状披针形,先端急尖至渐尖而钝头,基部楔形,边缘有细齿。花腋生,2～5枚;雄花具雄蕊15枚;雌花花柱三深裂。浆果圆球形。

生于路边或林缘。常见。

224 隔药柃（山茶科 Theaceae）

Eurya muricata Dunn

　　灌木。嫩枝圆柱形。叶两列状互生；叶片革质，椭圆形或长圆状椭圆形，幼时倒卵状椭圆形；先端渐尖而钝头，基部楔形，边缘有细锯齿。雄花1～3枚腋生，雄蕊15～22枚；雌花1～5枚腋生，花柱顶端3裂。浆果圆球形。

　　生于路边或林缘。常见。

225 窄基红褐柃 （山茶科 Theaceae）

Eurya rubiginosa Hung T. Chang var. *attenuata* Hung T. Chang

灌木。嫩枝粗壮，无毛。叶两列状互生；叶片厚革质或坚革质，长椭圆形、长椭圆状披针形，很少椭圆形、长圆状椭圆形或长椭圆状倒卵形，先端急尖或渐尖，基部楔形或有时近圆形，边缘有细锯齿。雄花2或3枚腋生；雄蕊15枚；雌花1～3枚腋生。浆果圆球形。

生于路边、林下或林缘。常见。

226 ### 木荷（山茶科 Theaceae）

Schima superba Gardner et Champ.

常绿乔木。树干挺直，分枝高，树冠圆形。叶片厚革质，卵状椭圆形至长椭圆形，先端急尖至渐尖，基部楔形或宽楔形，边缘有浅钝锯齿。花单生于叶腋或集生于枝顶；萼片5枚，内面边缘有毛；雄蕊多数，于花瓣基部合生，花药"丁"字形着生。蒴果近扁球形。

生于山坡、沟边或林中。常见。

227　厚皮香（山茶科 Theaceae）

Ternstroemia gymnanthera（Wight et Arn.）Bedd.

小乔木。全体无毛。小枝较粗壮，圆柱形。叶螺旋状互生，常簇生于枝顶；叶片革质，椭圆形至椭圆状倒卵形，稀倒卵圆形，先端急钝尖或钝渐尖，基部楔形而下延，全缘或在上半部具不明显疏钝锯齿。花两性，单独腋生或侧生；雄蕊多数；柱头3浅裂。果圆球形，顶端具宿存花柱。

生于沟边林缘。较常见。

山茶科常见种分种检索表

1. 花大，直径2.5cm以上，花药背着；果实为蒴果。
　　2. 种子周围有翅；高大乔木，树皮常纵裂成不规则块状 ················ 木荷 *Schima superba*
　　2. 种子无翅；灌木，树皮不纵裂成块状。
　　　　3. 苞片与萼片分化；花直径2.5～4cm。
　　　　　　4. 子房无毛；苞片和萼片均宿存 ···················· 尖连蕊茶 *Camellia cuspidata*
　　　　　　4. 子房有毛；苞片早落，萼片宿存 ··················· 茶 *Camellia sinensis*
　　　　3. 苞片和萼片不分化；花直径6～10cm ·············· 油茶 *Camellia oleifera*
1. 花小，直径1cm以下，花药基着；果实为浆果或浆果状。
　　5. 叶集生于枝顶；小枝呈轮生状；果实浆果状 ········ 厚皮香 *Ternstroemia gymnanthera*
　　5. 叶互生，散生于枝上；小枝不呈轮生状；果实为浆果。
　　　　6. 叶片全缘；花两性，有长梗；花药有毛 ·············· 红淡比 *Cleyera japonica*
　　　　6. 叶片边缘具细锯齿；花单性，花梗短；花药无毛。
　　　　　　7. 嫩枝和顶芽有微柔毛 ························· 微毛柃 *Eurya hebeclados*
　　　　　　7. 嫩枝和顶芽无毛。
　　　　　　　　8. 嫩枝有2条棱；花药无分隔 ········· 窄基红褐柃 *Eurya rubiginosa* var. *attenuata*
　　　　　　　　8. 嫩枝圆柱形或稍扁；花药具分隔 ············· 隔药柃 *Eurya muricata*

228 地耳草（藤黄科 Guttiferae）

Hypericum japonicum Thunb.

一年生或多年生草本。无毛。茎直立或披散,纤细。叶对生,有时轮生;叶片坚纸质,卵圆形,先端近锐尖至圆形,基部心形抱茎至截形,全缘,全面有微细透明腺点。聚伞花序顶生,花小;花瓣5枚,黄色;雄蕊5～30枚;花柱3枚,分离,柱头头状。蒴果椭圆形。

生于路边潮湿地。较常见。

229 **蔓茎堇菜**（堇菜科 Violaceae）

Viola diffusa Ging.

一年生草本。根状茎短，具黄白色的主根。茎通常多数，匍匐，顶端常具与基生叶大小相似的簇生叶。基生叶多数，莲座状丛生，或于匍匐枝上互生；叶片卵形或卵状长圆形，先端钝或稍尖，基部宽楔形或截形，稀浅心形，明显下延于叶柄；叶柄具明显的翅。花腋生；花瓣淡紫色或浅黄色；雄蕊2枚。蒴果长圆形。

生于路边或沟边岩石上。常见。

230 **紫花地丁**（堇菜科 Violaceae）

Viola philippica Cav.

　　多年生无茎草本。全株被白色短柔毛，稀几无毛。根状茎粗短，具黄色的主根。叶互生或近基生；叶片舌状、卵状披针形或长圆状披针形，果期则变为三角状卵形或三角状披针形，先端钝至渐尖，基部截形或微心形，边缘具浅钝齿。花瓣蓝紫色；雄蕊5枚；心皮3枚，合生。蒴果圆形或长圆形。

　　生于路边或草地。常见。

231 **堇菜**（堇菜科 Violaceae）

Viola verecunda A. Gray

多年生草本。根状茎短；地上茎数枚丛生，直立或稍披散。叶互生或近基生；基生叶叶片肾形或圆心形；茎生叶叶片心形或三角状心形，先端急尖，基部心形至箭状心形，边缘具浅钝锯齿，两面有紫褐色小点。花腋生；花瓣白色，具紫色条纹；雄蕊5枚；心皮3枚，合生。蒴果长圆形。

生于路边林缘或草丛。常见。

232 **中国旌节花**（旌节花科 Stachyuraceae）

Stachyurus chinensis Franch.

　　落叶灌木。单叶，互生，稀簇生；叶片卵形、椭圆形或卵状长圆形，先端骤尖或尾尖，基部钝至近圆形，稀浅心形，边缘具粗或细锯齿，幼嫩时上面沿中脉和侧脉疏生白色绒毛，老时无毛或下面叶脉生少量簇毛。总状花序；萼片4枚；花瓣黄色；雄蕊8枚，分离；柱头4浅裂。浆果球形。

　　生于路边林缘。常见。

233 **结香**（瑞香科 Thymelaeaceae）
Edgeworthia chrysantha Lindl.

落叶灌木。茎通常具韧皮纤维。幼枝具淡黄色或灰色绢状柔毛。单叶互生，常簇生于枝顶；叶片纸质，椭圆状长圆形或椭圆状倒披针形，先端急尖或钝，基部楔形而下延，全缘，上面有疏柔毛或后变无毛。花两性；头状花序腋生；花萼外面密被淡黄白色绢状长柔毛；雄蕊8枚；子房先端被柔毛。果卵球形。

栽培供观赏。

234 南岭荛花（瑞香科 Thymelaeaceae）

Wikstroemia indica (L.) C. A. Mey.

落叶灌木。根粗壮,淡黄色,内皮白色。单叶对生或互生;叶片膜质,椭圆状卵形或长椭圆形,先端短尖,稀钝,基部宽楔形,圆形或少有楔形,全缘,稍反卷,两面密被长柔毛;叶柄被长柔毛。花两性;总状花序,顶生或腋生,伸长而呈穗状,密被疏柔毛;花萼外面密被长柔毛;雄蕊10枚,2列;子房被长柔毛。核果。

生于路边山坡林缘。较常见。

235 **石榴**（安石榴科 Punicaceae）
Punica granatum L.

　　落叶灌木或小乔木。单叶对生
或簇生；叶片纸质，长圆状披针形，先
端短尖或微凹，全缘。花单性；顶生
或腋生；花瓣白色、黄色或红色；雄蕊
多数。蒴果呈浆果状，近球形。
　　常见栽培。

236 蓝果树（蓝果树科 Nyssaceae）

Nyssa sinensis Oliv.

　　落叶乔木。单叶互生；叶片纸质或薄革质，椭圆形或长椭圆形至卵状披针形，先端急尖至长渐尖，基部近圆形，边缘略带微波状，下面沿叶脉疏生丝状长伏毛。花雌雄异株；伞形或短总状花序；雄花序着生于老枝，雄蕊5～10枚；雌花序着生于幼枝。果椭圆形或长圆状倒卵形。

　　生于沟边林缘。较常见。

237 **毛八角枫**（八角枫科 Alangiaceae）

Alangium kurzii Craib

　　落叶小乔木或灌木。嫩枝被淡黄色短柔毛。单叶互生；叶片纸质，近圆形或宽卵形，先端短渐尖，基部偏斜，两侧不对称，心形或近心形，稀近圆形，通常全缘，上面幼时沿脉被柔毛，脉上尤密，脉腋间有簇毛；叶柄被黄褐色毛，稀无毛。花两性；聚伞花序，被短柔毛；花瓣白色；雄蕊6～8枚，花丝被疏柔毛；柱头4裂。核果椭圆形或长椭圆形。

　　生于沟边林缘或林下。常见。

238 赤楠（桃金娘科 Myrtaceae）

Syzygium buxifolium Hook. et Arn.

　　灌木或小乔木。单叶对生；叶片革质，椭圆形或倒卵形，先端圆钝，有时有钝尖头，基部宽楔形。聚伞花序顶生；萼片4或5枚；雄蕊多数。果实球形。

　　生于沟边、路边林缘。常见。

239 秀丽野海棠（野牡丹科 Melastomataceae）

Bredia amoena Diels

　　常绿小灌木。嫩枝密被红棕色微柔毛和腺毛。叶片坚纸质，卵形至椭圆形，先端渐尖或短渐尖，基部圆形或宽楔形，具疏浅波状齿。聚伞花序再组成圆锥花序；花萼密被红褐色微柔毛和腺毛；雄蕊8枚，异形，四长四短。蒴果近球形。

　　生于路边或溪沟边林下。常见。

240 中华野海棠（野牡丹科 Melastomataceae）

Bredia sinensis（Diels）H. L. Li

　　常绿灌木。全株除嫩枝、叶柄及叶片中脉上面疏被星状短柔毛外无毛。叶片坚纸质或近革质，卵状椭圆形至卵状披针形，先端渐尖，基部楔形至圆钝，常具疏浅锯齿。聚伞花序或由聚伞花序组成的圆锥花序，顶生；花瓣粉红色至紫红色；雄蕊8枚，异形，四长四短。蒴果近球形。

　　生于路边或溪沟边林下。常见

241 地菍（野牡丹科 Melastomataceae）

Melastoma dodecandrum Lour.

灌木。茎匍匐或披散，下部逐节生根，多分枝。幼枝疏生糙伏毛。叶片坚纸质，椭圆形或卵形，先端渐尖或圆钝，基部宽楔形至圆形，边缘具细圆锯齿或近全缘，上面近边缘和下面基部脉上疏生糙伏毛；叶柄有糙伏毛。聚伞花序顶生；花瓣粉红色或紫红色；雄蕊10枚，异形，五长五短。果坛状球形。

生于路边、田边或岩石上。常见。

242 楤木（五加科 Araliaceae）

Aralia chinensis L.

　　落叶灌木或小乔木。二至三回羽状复叶；小叶片卵形、宽卵形或卵状椭圆形，先端渐尖或短渐尖，基部圆形或近心形，上面疏生糙伏毛，下面被灰黄色短柔毛，脉上更密。伞形花序再组成顶生大型圆锥花序；花白色；雄蕊5枚；花柱5枚，离生或基部合生。浆果或核果状，球形。

　　生于路边灌丛或林缘。常见。

243 树参（五加科 Araliaceae）

Dendropanax dentiger（Harms）Merr.

常绿小乔木或灌木。单叶；叶二型；不裂叶椭圆形、卵状椭圆形至椭圆状披针形，先端渐尖，基部圆形至楔形；分裂叶倒三角形，掌状深裂或浅裂，裂片全缘或疏生锯齿。伞形花序；雄蕊5枚；花柱基部合生，顶端5裂。核果长圆形。

生于沟边林缘或林下。常见。

244 紫花前胡（伞形科 Umbelliferae）

Angelica decursiva（Miq.）Franch. et Sav.

多年生草本。根圆锥形，有分枝，具浓香。茎单一，带暗紫红色，上部节上以及花序有毛。基生叶和茎下部叶三角状卵形，一至二回羽状全裂，边缘有不整齐锯齿；茎上部叶简化或仅为叶鞘。复伞形花序顶生和侧生；花深紫色。果实椭圆形。

生于路边草丛。常见。

245 鸭儿芹（伞形科 Umbelliferae）
Cryptotaenia japonica Hassk.

多年生草本。主根短，侧根细长成簇。茎直立，具细纵棱，略带淡紫色。叶片三角形至阔卵形，中间裂片菱状倒卵形或阔卵形，基部楔形，先端急尖，两侧裂片歪卵形，所有裂片边缘有不规则的锐尖锯齿或重锯齿。复伞形花序呈圆锥状，顶生和侧生；花瓣白色。果实线状长圆形。

生于路边草丛。常见。

246 密伞天胡荽（伞形科 Umbelliferae）

Hydrocotyle pseudoconferta Masam.

多年生匍匐草本。茎细弱,有分枝,节上生根。叶片圆肾形或近圆形,7～9浅裂,基部心形,裂片边缘有钝圆齿,两面疏生短柔毛。单伞形花序于茎顶双生,于节上单生;花瓣白色或淡绿色。果实近球形。

生于路边潮湿地带。常见。

247 灯台树（山茱萸科 Cornaceae）

Cornus controversa Hemsl.

落叶乔木。单叶互生；叶片宽卵形或宽椭圆状卵形，先端急尖，稀渐尖，基部圆形，全缘，下面疏生伏毛。花两性；伞房状聚伞花序，顶生，稍被短柔毛；花白色；雄蕊4枚。核果球形。

生于沟边林缘或路边林下。常见。

248

秀丽香港四照花（山茱萸科 Cornaceae）

Cornus hongkongensis Hemsl. subsp. *elegans*（W. P. Fang et Y. T. Hsieh）Q. Y. Xiang

常绿乔木。单叶对生；叶片椭圆形或长椭圆形，先端钝，有尖头，基部楔形或圆钝，全缘。花两性；头状花序球形，顶生；花瓣黄绿色；雄蕊4枚；柱头平截。果序球形，被白色细毛；核果。

生于林缘或林中。较常见。

249 大果假水晶兰（鹿蹄草科 Pyrolaceae）

Cheilotheca macrocarpa（Andres）Y. L. Chou

多年生腐生草本。茎肉质，地上部分白色。叶互生；叶片鳞片状，白色，长圆形或长圆状卵形，先端圆钝，全缘；无柄。花单生，顶生；萼裂片4或5枚，白色，无毛；花瓣4或5枚，白色，无毛；雄蕊8～10枚，花丝无毛。浆果卵球形或阔卵圆形，下垂。

生于腐殖质丰富的林下或林缘潮湿处。少见。

250 普通鹿蹄草（鹿蹄草科 Pyrolaceae）

Pyrola decorata Andres

多年生常绿草本。叶近基生；叶片薄革质，卵状椭圆形或卵状长圆形，先端钝，基部楔形或宽楔形，下延于叶柄，边缘有疏锯齿。总状花序有花4～10朵；花萼5深裂；花瓣5枚，黄绿色；雄蕊10枚。蒴果扁球形。

生于腐殖质丰富的林下。少见。

毛果南烛（杜鹃花科 Ericaceae）

251

Lyonia ovalifolia（Wall.）Drude var. *hebecarpa*（Franch. ex Forbes et Hemsl.）Chun

落叶灌木。单叶互生；叶片纸质，卵状长圆形或卵状椭圆形，先端短渐尖，基部圆形或楔形，全缘，下面沿脉被柔毛；叶柄幼时被短柔毛。总状花序腋生，具多数花；花萼5裂；花冠白色，壶状，5浅裂；雄蕊10枚，花丝具短柔毛，顶端具1对芒状附属物；子房密被短柔毛。蒴果近球形，被短柔毛。

生于山坡灌丛中。较少见。

252 马醉木（杜鹃花科 Ericaceae）

Pieris japonica（Thunb.）D. Don ex G. Don

常绿小乔木。单叶互生，集生于枝顶；叶片薄革质，倒披针形或披针形，先端渐尖，基部楔形，边缘上半部有钝锯齿，两面无毛；叶柄近无毛。总状花序簇生于枝顶，具多数花；花萼5深裂；花冠白色，坛状，5浅裂；雄蕊10枚，花丝扭曲，具短柔毛，花药背面具2枚反折的芒；子房无毛。蒴果球形。

生于林缘或沟边。常见。

253 丁香杜鹃（满山红）（杜鹃花科 Ericaceae）

Rhododendron farrerae Tate ex Sweet

　　落叶灌木。幼枝有长柔毛，后脱尽。单叶互生，常3枚集生于枝顶；叶片纸质或厚纸质，卵形至菱状卵形，先端急尖，基部圆形或宽楔形，全缘，两面具长柔毛；叶柄被柔毛。花1～3朵生于枝顶，常先于叶开放；花萼小；花冠淡紫色或白色，喉部有红色斑点，辐状漏斗形，5深裂；雄蕊10枚，不等长，花丝无毛；子房密被长柔毛，花柱无毛。蒴果卵状长圆球形。

　　生于路边或山坡。常见。

254 云锦杜鹃（杜鹃花科 Ericaceae）

Rhododendron fortunei Lindl.

常绿乔木。枝粗壮，幼时有腺体。单叶互生，常聚生于枝顶；叶片厚革质，长圆形至长圆状披针形，先端急尖，基部宽楔形或圆形，全缘；叶柄幼时有腺体。伞形总状花序顶生；花萼小；花冠粉红色或淡粉色，漏斗状钟形，7裂；雄蕊14～16枚，不等长，花丝无毛；子房密被腺体，花柱有腺体。蒴果长圆柱形。

生于近山顶的山坡上。较常见。

255 麂角杜鹃（杜鹃花科 Ericaceae）

Rhododendron latoucheae Franch.

　　常绿灌木或小乔木。幼枝无毛。单叶互生，集生于枝顶；叶片革质，长圆形或椭圆形，先端渐尖，基部楔形，全缘；叶柄无毛。每一花芽仅具1枚花；花萼5裂；花冠粉红色，喉部有黄色斑点，狭漏斗状，5裂；雄蕊10枚，不等长，花丝近基部有柔毛；子房和花柱无毛。蒴果圆柱形。

　　生于路边或山坡。常见。

256 马银花（杜鹃花科 Ericaceae）

Rhododendron ovatum（Lindl.）Planch. ex Maxim.

常绿灌木或小乔木。幼枝被短柔毛。单叶互生，常集生于枝顶；叶片革质，卵形至椭圆状卵形，先端急尖或钝，有凹缺，基部圆形，全缘；叶柄被短柔毛。花单一，生于枝顶叶腋；花萼5深裂，裂片全缘或啮齿状；花冠淡紫色，喉部有紫色斑点，宽漏斗状，5裂；雄蕊5枚，不等长，花丝下部有柔毛；子房密被腺毛，花柱常无毛。蒴果宽卵球形。

生于路边或山坡。常见。

257 猴头杜鹃（杜鹃花科 Ericaceae）

Rhododendron simiarum Hance

常绿乔木。幼枝有红棕色曲柔毛和腺体。单叶互生，聚生于枝顶；叶片厚革质，倒披针形或长圆形倒披针形，先端圆钝或急尖，基部楔形，下面具壳状毛被，全缘；叶柄被红棕色曲柔毛和腺体。伞形总状花序顶生；花萼5浅裂；花冠粉红色，喉部有紫红色斑点，漏斗状钟形，5裂；雄蕊10～12枚，不等长，花丝下部有柔毛；子房被红棕色短毛和腺体，花柱无毛。蒴果长圆柱形，具红棕色毛。

生于近山顶的多岩石山坡上。较常见。

258 **映山红(杜鹃)** (杜鹃花科 Ericaceae)

Rhododendron simsii Planch.

半常绿灌木。小枝有糙伏毛。单叶互生,常集生于枝顶,二型;春叶叶片纸质或厚纸质,卵状椭圆形,先端急尖,基部楔形,全缘,两面被糙伏毛,叶柄被糙伏毛;夏叶较小,叶片倒披针形,两面被糙伏毛,冬季不凋落。花2～6朵生于枝顶;花萼5深裂;花冠鲜红色,喉部有紫红色斑点,宽漏斗形,5裂;雄蕊10枚,不等长,花丝中部以下有柔毛;子房密被糙伏毛,花柱无毛。蒴果卵圆球形,被糙伏毛。

生于路边或山坡。常见。

259 乌饭树（杜鹃花科 Ericaceae）

Vaccinium bracteatum Thunb.

常绿灌木。单叶互生；叶片革质，椭圆形至卵状椭圆形，先端急尖，基部宽楔形，边缘有细锯齿，下面中脉有刺凸；叶柄无毛。总状花序腋生，具多数花；苞片发达；花萼5浅裂，被柔毛；花冠白色，卵状圆筒形，5浅裂，被细毛；雄蕊10枚，花丝具柔毛；子房密被柔毛。浆果球形。

生于灌丛或沟边。较常见。

杜鹃花科常见种分种检索表

1. 果为蒴果;花不具苞片或具很小的钻形苞片,子房上位。

  2. 花大型,长4cm以上;雄蕊无附属物。

    3. 常绿灌木至乔木。

      4. 花芽具数朵花,开放时呈伞形总状花序;叶片厚革质。

        5. 叶片下面苍绿色,无毛;花冠7裂;雄蕊14~16枚 ⋯⋯⋯⋯⋯⋯⋯⋯⋯⋯⋯⋯⋯⋯⋯⋯⋯⋯⋯⋯⋯⋯⋯⋯⋯⋯⋯⋯ 云锦杜鹃 *Rhododendron fortunei*

        5. 叶片下面具壳状毛被;花冠5裂;雄蕊10~12枚 ⋯⋯⋯⋯⋯⋯⋯⋯⋯⋯⋯⋯⋯⋯⋯⋯⋯⋯⋯⋯⋯⋯⋯⋯ 猴头杜鹃 *Rhododendron simiarum*

      4. 花芽具单花,生于枝顶或叶腋;叶片革质。

        6. 叶片卵形至椭圆状卵形;花冠宽漏斗形;雄蕊5枚;蒴果宽卵球形 ⋯⋯⋯⋯⋯⋯⋯⋯⋯⋯⋯⋯⋯⋯⋯⋯⋯⋯⋯ 马银花 *Rhododendron ovatum*

        6. 叶片长圆形或椭圆形;花冠狭漏斗形;雄蕊10枚;蒴果圆柱形 ⋯⋯⋯⋯⋯⋯⋯⋯⋯⋯⋯⋯⋯⋯⋯ 麂角杜鹃 *Rhododendron latoucheae*

    3. 落叶或半常绿灌木。

      7. 落叶灌木;叶集生于枝顶,呈轮生状;花冠淡紫色或白色,辐状漏斗形 ⋯⋯⋯⋯⋯⋯⋯⋯⋯⋯⋯⋯⋯⋯ 丁香杜鹃 *Rhododendron farrerae*

      7. 半常绿灌木;叶片二型;花冠鲜红色,宽漏斗形 ⋯⋯⋯⋯⋯⋯⋯⋯⋯⋯⋯⋯⋯⋯⋯⋯⋯ 映山红 *Rhododendron simsii*

  2. 花小型,长1cm以下;雄蕊具附属物。

    8. 落叶灌木;叶片卵状长圆形或卵状椭圆形,全缘;花丝顶端具1对芒状附属物 ⋯⋯⋯⋯⋯⋯⋯⋯⋯⋯⋯⋯⋯⋯⋯ 毛果南烛 *Lyonia ovalifolia* var. *hebecarpa*

    8. 常绿小乔木;叶片倒披针形或披针形,边缘上半部有钝锯齿;花药背面具2枚反折的芒 ⋯⋯⋯⋯⋯⋯⋯⋯⋯⋯⋯⋯⋯⋯⋯⋯⋯ 马醉木 *Pieris japonica*

1. 果为浆果;花梗基部具披针形的苞片,子房下位 ⋯⋯⋯⋯⋯⋯ 乌饭树 *Vaccinium bracteatum*

260 百两金（紫金牛科 Mysinaceae）

Ardisia crispa（Thunb.）A. DC.

灌木。有匍匐根状茎；除侧生花枝外，无分枝。叶片膜质或近坚纸质，狭长圆状披针形或椭圆状披针形。花序近伞形，顶生于侧生花枝上；萼裂片长圆状卵形，顶端急尖或钝；花冠裂片卵形；雄蕊较花冠略短，花药披针形；雌蕊与花冠等长或略长。果具少数腺点。

生于树下。少见。

261 杜茎山（紫金牛科 Mysinaceae）

Maesa japonica（Thunb.）Moritzi ex Zoll.

灌木，有时攀援状。全株无毛。小枝具细条纹，疏生皮孔。叶片坚纸质或革质，椭圆形、椭圆状披针形或长圆状倒卵形。总状花序常单生；苞片卵形，小苞片宽卵形或肾形，紧贴花萼基部；萼裂片卵形，具明显的腺状条纹；花冠具腺状条纹；雄蕊着生于花冠筒中部以上，柱头分裂。果球形，肉质，具腺状条纹。

生于林下或沟边林缘。常见。

262 **光叶铁仔**（紫金牛科 Mysinaceae）

Myrsine stolonifera（Koidz.）Walker

灌木。小枝圆柱形，无毛。叶片近革质，椭圆状披针形或长椭圆形，稀倒卵形。花3～6朵簇生于具鳞片的裸枝叶痕上或腋生；苞片戟形或披针形；花5基数；二性花花萼裂片狭椭圆形，具腺点；花冠基部稍连合，裂片长圆形或匙形；雄蕊长约为花冠的1/2，花丝与花药等长或稍长；子房卵形，花柱细长。果球形。

生于林下。常见。

263 **过路黄**（报春花科 Primulaceae）

Lysimachia christinae Hance

多年生匍匐草本。叶对生；叶片心形或宽卵形，散生透明腺条（干后黑色），先端急尖，稀圆钝，基部浅心形。花单生于叶腋；花萼5深裂；花冠黄色，辐状钟形，5裂；雄蕊5枚，花丝中部以下合生；子房球形。蒴果球形，干后疏具黑色线条。

生于路边。常见。

264 聚花过路黄（报春花科 Primulaceae）

Lysimachia congestiflora Hemsl.

多年生匍匐草本。叶对生；叶片卵形至宽卵形，先端急尖至渐尖，基部宽楔形或近圆形，两面疏具伏毛，边缘散生红色或黑色腺点。花簇生于茎或枝顶；花萼5深裂；花冠黄色，辐状，散生紫红色腺点；雄蕊5枚，花丝近基部合生；子房上部被毛。蒴果球形，上半部具毛。

生于路边草丛。常见。

265 点腺过路黄（报春花科 Primulaceae）

Lysimachia hemsleyana Maxim. ex Oliv.

多年生匍匐草本。叶对生；叶片卵形或宽卵形，稀心形，先端急尖或钝，基部近圆形、截形至浅心形，两面密被短糙伏毛，边缘散生红色或黑色腺点。花单生于茎中部以上叶腋；花萼5深裂；花冠黄色，辐状钟形，5裂；雄蕊5枚，花丝近基部合生；子房具毛。蒴果球形，上部具毛。

生于路边草丛。常见。

266 红毛过路黄 （报春花科 Primulaceae）

Lysimachia rufopilosa Y. Y. Fang et C. Z. Zheng

多年生匍匐草本。茎上密被红棕色多细胞节毛。叶对生；叶片近圆形，先端圆钝，基部近圆形，基部心形，两面密被多细胞节毛或近无毛，具透明腺条。花单生于茎中部以上叶腋；花萼5深裂；花冠黄色，宽漏斗形，5裂；雄蕊5枚，花丝中部以下合生；子房具腺体。蒴果球形，散生红黑色腺条。

生于路边草丛。常见。

267 **假婆婆纳**（报春花科 Primulaceae）

Stimpsonia chamaedryoides C. Wright ex A. Gray

　　一年生草本。叶互生；基生叶卵形或卵状长圆形，先端急尖或圆钝，基部平截或圆形，边缘具圆锯齿或浅锯齿，两面具毛及锈色腺点或短腺条；茎生叶近圆形或宽卵形。花单生于茎中部以上的叶腋；花萼5深裂；花冠白色，5裂，裂片先端凹缺；雄蕊5枚。蒴果球形。

　　生于路边。较少见。

报春花科常见种分种检索表

1. 叶互生，叶片边缘具圆浅锯齿；花白色；花丝着生于花冠筒上 ·······························
·································· 假婆婆纳 *Stimpsonia chamaedryoides*

1. 叶对生，叶片全缘；花黄色；花丝中部以下或近基部合生成杯状或短筒状。

  2. 花集生于枝端，呈近头状；植株茎分枝稍上升 ··· 聚花过路黄 *Lysimachia congestiflora*

  2. 花单生于叶腋，因茎匍匐延伸而披散。

    3. 植物的茎、叶片、叶柄和花萼裂片均被红棕色多细胞节毛 ·······················
·································· 红毛过路黄 *Lysimachia rufopilosa*

    3. 植株各部被短柔毛。

      4. 叶片及花冠压干后具紫黑色腺条 ·············· 过路黄 *Lysimachia christinae*

      4. 叶片及花冠压干后具紫红色腺点 ·········· 点腺过路黄 *Lysimachia hemsleyana*

268 延平柿（柿树科 Ebenaceae）

Diospyros tsangii Merr.

落叶小乔木或灌木。单叶互生；叶片膜质，长圆形或长椭圆形，有时倒披针形，基部狭楔形，侧脉3或4对，在下面明显；叶柄有锈色柔毛。花单性，雌雄异株；花萼4深裂，裂片宽卵形；花冠坛状，雄蕊8枚。浆果幼时密被毛，后秃净。

生于沟边林缘。较常见。

269 老鼠矢（山矾科 Symplocaceae）

Symplocos stellaris Brand

常绿小乔木。单叶互生；叶片厚革质，狭长圆状椭圆形或披针状椭圆形，先端急尖或渐尖，基部宽楔形或稍圆，全缘，两面无毛。密伞花序着生于叶腋或二年生枝的叶痕之上；花萼裂片5枚，宽卵形；花冠白色，5深裂几达基部，裂片倒卵状；雄蕊18～25枚，基部合生成5束。核果长椭圆球形或狭卵球形。

生于林中或林缘。常见。

270 **薄叶山矾**（山矾科 Symplocaceae）

Symplocos anomala Brand

　　常绿小乔木。单叶互生；叶片薄革质，狭椭圆状披针形，基部宽楔形或楔形，很少近圆形，全缘，或边缘疏生浅的圆钝锯齿或小尖锯齿，两边均无毛。总状花序腋生，基部不分枝，有花5～8朵，苞片宽卵形；花萼裂片5枚，半圆形；花冠白色，5深裂至近基部，裂片长椭圆形；雄蕊约30枚。核果长圆球形。

　　生于沟边或林缘。较常见。

271 **小叶白辛树**（安息香科 Styracaceae）

Pterostyrax corymbosus Siebold et Zucc.

　　落叶小乔木。单叶互生。叶片卵状长圆形至宽倒卵形，先端渐尖，基部宽楔形或近圆钝，边缘具不规则细小齿。圆锥花序，披星状毛，花梗极短；花萼钟形，上端5齿裂，裂齿披针形；花冠裂片5枚，宽倒披针形；雄蕊五长五短；子房下位。核果倒卵球形，种子披星状绒毛。

　　生于沟边。常见。

272 苦枥木（木犀科 Oleaceae）

Fraxinus insularis Hemsl.

　　落叶乔木或小乔木。奇数羽状复叶，对生；小叶片革质，长圆形或卵状披针形，先端渐尖或尾状渐尖，基部宽楔形或楔形，边缘有疏钝锯齿或近全缘，两面无毛；叶柄无毛。圆锥花序生于当年生枝顶，无毛；花萼杯形；花冠裂片4枚，匙形，先端钝，向下渐狭。翅果条形或倒披针形，扁平，顶端钝或微凹。

　　生于林缘或沟边。常见。

273 小蜡（木犀科 Oleaceae）

Ligustrum sinense Lour.

　　落叶灌木，偶近小乔木。单叶对生；叶片纸质，长圆形或长圆状卵形，先端钝或急尖，常微凹，基部宽楔形或楔形，全缘，稍背卷，上面常无毛，下面有短柔毛。圆锥花序顶生，有短柔毛；花萼杯形，顶端近平截；花冠顶端4裂，裂片长圆形或长圆状卵形，先端急尖或钝；雄蕊2枚。浆果状核果近球形，熟时黑色。

　　生于沟边或路边。常见。

274 **醉鱼草**（马钱科 Loganiaceae）

Buddleja lindleyana Fortune ex Lindl.

　　落叶灌木。单叶对生；叶片卵形至卵状披针形或椭圆状披针形，先端渐尖，基部宽楔形或圆形，全缘或疏生波状细齿。花由多数聚伞花序集成顶生伸长的穗状花序，常偏向一侧；花萼4浅裂，裂片三角状卵形；花冠紫色，稀白色；雄蕊4枚，着生于花冠筒基部；子房2室。蒴果长圆柱形。

　　生于沟边。常见。

275 **华双蝴蝶**（龙胆科 Gentianaceae）

Tripterospermum chinense（Migo）Harry Sm.

　　多年生无毛草本。茎细长缠绕。单叶对生；基生叶椭圆形、宽椭圆形或倒卵状椭圆形，先端钝圆或具凸尖，基部宽楔形，全缘；茎生叶披针形或卵状披针形，先端渐尖，基部圆形、圆截形或浅心形。花单生于叶腋，偶多数簇生；花淡紫色或紫红色；雄蕊5枚，花丝中部以下与花冠筒粘合。蒴果2瓣开裂。

　　生于路边或林下灌丛。较常见。

276 **络石**（夹竹桃科 Apocynaceae）

Trachelospermum jasminoides（Lindl.）Lem.

　　常绿木质藤本。叶对生；叶片革质或近革质，椭圆形至长椭圆形，基部楔形或圆形，上面无毛，下面具毛。聚伞花序多花组成圆锥状，腋生或顶生；花萼5深裂，裂片线状披针形；雄蕊5枚，着生于花冠筒中部；子房无毛。蓇葖果披针状圆柱形或有时呈牛角状。

　　生于路边灌丛或石上。常见。

277 旋花（旋花科 Convolvulaceae）

Calystegia sepium（L.）R. Br.

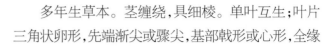

多年生草本。茎缠绕，具细棱。单叶互生；叶片三角状卵形，先端渐尖或骤尖，基部戟形或心形，全缘或基部伸展为有2或3个大齿缺的裂片。花单生于叶腋；花冠通常白色、淡红色或红紫色；雄蕊5枚。蒴果卵球形。

生于低海拔的路边或灌丛。较常见。

278 菟丝子（旋花科 Convolvulaceae）

Cuscuta chinensis Lam.

一年生寄生草本。茎纤细如丝状，缠绕，黄色。无叶。花于茎侧簇生成球状；花冠白色；雄蕊5枚，与花冠裂片互生，着生于花冠喉部或花冠裂片之间。蒴果球形。

寄生于草丛或灌丛。少见。

279　牵牛（旋花科 Convolvulaceae）

Pharbitis nil（L.）Choisy

一年生缠绕草本。单叶互生；叶片宽卵形或近圆形，通常3中裂，基部深心形，中裂片长圆形或卵圆形，渐尖或骤尾尖，侧裂片卵状三角形，两面被微硬的柔毛。聚伞花序；花冠白色、淡蓝色、蓝紫色至紫红色；雄蕊5枚，内藏。蒴果近球形。

栽培或逸生。

280　圆叶牵牛（旋花科 Convolvulaceae）

Pharbitis purpurea（L.）Voisgt

一年生缠绕草本。单叶互生；叶片圆心形或宽卵状心形，先端渐尖或骤渐尖，基部心形，全缘，两面具刚伏毛或下面仅脉上具毛；叶柄被倒向柔毛与长硬毛。花冠白色、淡红色或紫红色；雄蕊5枚，内藏。蒴果近球形。

栽培或逸生。

附地菜（紫草科 Boraginaceae）

Trigonotis peduncularis（Trevir.）Benth. ex Baker et S. Moore

一年生草本。茎具短糙伏毛。叶互生；叶片椭圆状卵形、椭圆形或匙形，先端钝圆，有小尖头，基部近圆形，两面有短糙伏毛。聚伞花序顶生，似总状；花冠淡蓝色；雄蕊5枚，内藏。小坚果三角状四面体形。

生于路边或草丛。常见。

282 ## 金疮小草（唇形科 Labiatae）

Ajuga decumbens Thunb.

多年生草本。具短根茎。基生叶簇生，茎生叶对生；茎生叶叶片匙形、倒卵状披针形或倒披针形，先端钝至圆形，基部渐狭，下延成翅柄，边缘具不整齐的波状圆齿。轮伞花序腋生，排列成假穗状花序；花冠白色带紫脉或紫色；雄蕊4枚，二强。小坚果。

生于沟边林缘。少见。

283 ## 活血丹（唇形科 Labiatae）

Glechoma longituba (Nakai) Kuprian.

多年生匍匐草本。茎细长、软弱。单叶对生；叶片心形、肾心形或肾形，先端急尖或钝圆，基部心形，边缘具圆齿或粗锯齿状圆齿，上面疏生伏毛，下面常带紫色，有柔毛；叶柄有柔毛。轮伞花序腋生；花冠淡红紫色，下唇具深色斑点；雄蕊4枚，内藏。小坚果长圆状卵形。

生于草丛或林缘草丛。较常见。

284 益母草（唇形科 Labiatae）

Leonurus artemisia（Lour.）S. Y. Hu

一年生或二年生草本。茎直立,粗壮,钝四棱形,微具槽。单叶对生。叶片形状变化较大:基生叶圆心形,边缘5～9浅裂;下部茎生叶掌状3全裂;中部的叶菱形;最上部的叶线形或线状披针形。全缘或具稀牙齿。轮伞花序腋生;花冠粉红或淡紫红色;雄蕊4枚。小坚果长圆状三棱形。

生于路边或林缘。常见。

285 云和假糙苏（唇形科 Labiatae）

Paraphlomis lancidentata Sun

多年生草本。茎单一，不分枝，四棱形。单叶对生；叶片宽披针形至披针形，先端长渐尖，基部楔形，下延至叶柄，下面疏生长硬毛，下面脉上被极短细柔毛，边缘具牙齿状锯齿。轮伞花序腋生；花冠淡黄色，外面密被长柔毛；雄蕊4枚。小坚果倒卵状三棱形。

生于林缘或林下。较常见。

286 夏枯草（唇形科 Labiatae）

Prunella vulgaris L.

多年生草本。具直立或上升的茎。单叶对生；叶片卵形或卵状长圆形，先端钝，基部圆形或宽楔形，下延至叶柄，成狭翅，边缘具不明显的波状齿或近全缘。轮伞花序密集成顶生穗状花序；花冠蓝紫色或红紫色；雄蕊4枚。小坚果长圆状卵形。

生于山坡路边。较常见。

287　鼠尾草（唇形科 Labiatae）

Salvia japonica Thunb.

多年生草本。具长或短的根茎。羽状复叶对生；茎下部叶常为二回羽状复叶；茎上部叶为一回羽状复叶或三出羽状复叶。叶形变化大：顶生小叶片披针形或菱形，有时宽卵形，先端渐尖或尾状渐尖，基部长楔形，边缘具钝锯齿；侧生小叶歪卵形或卵状披针形，先端急尖或短渐尖，基部偏斜，近圆形。轮伞花序组成顶生的总状花序或圆锥花序；花冠淡红紫色；雄蕊2枚。小坚果椭圆形。

生于路边。常见。

288 印度黄芩（唇形科 Labiatae）

Scutellaria indica L.

　　多年生草本。茎直立，基部稍平卧，四棱形，单一或丛生状。叶对生；中部的叶片三角状卵圆形至宽卵圆形，先端圆钝，基部圆形至浅心形，边缘具圆齿。花对生，排列成顶生总状花序；花冠红紫色或紫色，外面疏生微柔毛；雄蕊4枚。小坚果卵形。

　　生于路边或林缘。常见。

289 庐山香科科（唇形科 Labiatae）

Teucrium pernyi Franch.

多年生草本。具根茎及匍匐枝。地上茎直立，密被白色弯曲的短柔毛。单叶对生；叶片卵状披针形，有时卵形，先端渐尖或长渐尖，稀钝，基部楔形或宽楔形下延，边缘具粗锯齿。轮伞花序组成顶生穗状花序；花冠白色，有时稍带红晕；雄蕊 4 枚。小坚果倒卵球形。

生于路边草丛或林缘。较常见。

唇形科常见种分种检索表

1. 花柱不着子房底；花冠单唇，或因上唇不发达而为假二唇形。
  2. 花冠单唇形，花冠筒与唇片成直角；雄蕊远伸出花冠外；茎常有短分枝 ·················
  ······················· 庐山香科科 *Teucrium pernyi*
  2. 花冠假二唇形，唇片斜升；雄蕊稍伸出花冠外；茎多分枝，但不呈短于叶的短分枝
  ······················· 金疮小草 *Ajuga decumbens*
1. 花柱着子房底；花冠二唇形。
  3. 萼筒背部有盾片；小坚果及种子横生 ············· 印度黄芩 *Scutellaria indica*
  3. 萼筒背部无盾片；小坚果及种子直生。
    4. 匍匐草本；后对雄蕊长于前对雄蕊 ············· 活血丹 *Glechoma longituba*
    4. 茎明显直立；后对雄蕊短于前对雄蕊。
      5. 一或二回羽状复叶；雄蕊 2 枚 ·············· 鼠尾草 *Salvia japonica*
      5. 叶为单叶；雄蕊 4 枚。
        6. 叶片浅裂至深裂 ·············· 益母草 *Leonurus artemisia*
        6. 叶片不裂。
          7. 轮伞花序密集组成顶生穗状花序；苞片明显 ······ 夏枯草 *Prunella vulgaris*
          7. 轮伞花序生于茎的中上部叶腋；苞片不明显 ·················
          ··················· 云和假糙苏 *Paraphlomis lancidentata*

290 **碧冬茄**（茄科 Solanaceae）

Petunia hybrida（Hook. f.）E. Vilm.

一年生草本。全株有腺毛。茎直立或稍倾斜,圆柱形。叶在茎上部近对生,下部互生;叶片卵形,先端急尖,基部宽楔形,全缘,两面有短毛。花单生于叶腋;花冠白色或紫堇色;雄蕊四长一短。蒴果狭卵形。

常见栽培,供观赏。

291 **苦蘵**（茄科 Solanaceae）

Physalis angulata L.

一年生草本。全株有短柔毛。单叶互生;叶片质薄,宽卵形或卵状椭圆形,先端渐尖或急尖,基部偏斜,全缘或具不等大的牙齿。花单生于叶腋;花梗、花萼具短柔毛;花冠淡黄色,喉部常有紫色斑点;雄蕊5枚。浆果球状。

生于路边或荒地。较常见。

292 **白英**（茄科 Solanaceae）

Solanum lyratum Thunb.

多年生草质藤本。叶互生或近对生；叶片琴形或卵状披针形，先端急尖、渐尖或长渐尖，基部大多为戟形3～5深裂，两面均白色，具光泽的长柔毛；叶柄有具节长柔毛。聚伞花序顶生或腋生；花冠蓝紫色或白色；雄蕊5枚。浆果球形。

生于路边草丛。较少见。

293 **龙葵**（茄科 Solanaceae）

Solanum nigrum L.

一年生草本。茎多分枝，有纵棱，棱上疏生细毛。叶互生；叶片卵形或卵状椭圆形，先端急尖或渐尖而钝，基部宽楔形或圆形不对称，稍下延至叶柄，全缘，具不规则的波状浅齿，两面无毛或疏短柔毛。蝎尾状花序近伞形，腋外生；花冠白色；雄蕊5枚。浆果球形。

生于路边。常见。

294 **刺毛母草**（玄参科 Scrophulariaceae）

Lindernia setulosa（Maxim.）Tuyama ex H. Hara

一年生草本。茎有翅状棱，疏被伸展刺毛或近无毛。单叶对生；叶片卵形或三角状卵形，先端渐尖，基部宽楔形或近圆形，边缘有钝锯齿，上面被平贴的粗毛，下面沿叶脉和近边缘处有毛，有时几无毛。花单生于叶腋；花冠紫色或白色；雄蕊4枚。蒴果长圆形或卵形。

生于路边或林缘。较常见。

295 早落通泉草（玄参科 Scrophulariaceae）

Mazus caducifer Hance

多年生草本。全体被多节白色长柔毛。茎直立或倾斜上升，粗壮，圆柱形，近基部木质化，有时分枝。基生叶片倒卵状匙形，多数呈莲座状；茎生叶对生，叶片卵状匙形，先端圆钝或急尖，基部渐狭成带翅的柄，边缘具粗而不整齐的锯齿，有时浅羽裂。总状花序顶生；花冠淡蓝紫色；雄蕊4枚，二强，着生于花冠筒上；子房被毛。蒴果圆球形。

生于山坡路边。常见。

296 **通泉草**（玄参科 Scrophulariaceae）

Mazus japonicus（Thunb.）O. Kuntze

一年生草本。茎直立、上升或倾卧上升，通常基部分枝。基生叶莲座状或早落，叶片倒卵状匙形至卵状披针形，先端圆钝，基部楔形，下延成带翅的叶柄，边缘具不规则的粗钝锯齿或基部1～2浅羽裂；茎生叶对生或互生。总状花序顶生；花冠白色或淡紫色；雄蕊4枚，二强。蒴果球形。

生于山坡路边。常见。

297 ### 台湾泡桐（玄参科 Scrophulariaceae）

Paulownia kawakamii T. Itô

　　落叶乔木。叶对生；叶片心形，先端急尖，全缘或3～5浅裂有角，两面均有黏毛，老时显示单一粗毛，上面有腺；叶柄幼时具长腺毛。由小聚伞花序排成各式圆锥花序，顶生；小聚伞花序有黄褐色绒毛；花冠浅紫色至蓝紫色；雄蕊4枚，二强。蒴果卵圆形。

　　生于山坡路边。较常见。

298 天目地黄（玄参科 Scrophulariaceae）

Rehmannia chingii H. L. Li

多年生草本。根茎肉质,橘黄色。全体被多节长柔毛。茎直立,单一或基部分枝。基生叶多少莲座状排列,叶片椭圆形,先端钝或急尖,基部逐渐收缩成长的翅柄,边缘具不规则圆齿或粗锯齿,或为具圆齿的浅裂片;茎生叶外形与基生叶相似,向上逐渐缩小。花单生于叶腋;花冠紫红色;雄蕊4枚,二强,后方1对的花丝基部被短腺毛。蒴果卵形。

生于山坡路边。常见。

299 婆婆纳（玄参科 Scrophulariaceae）

Veronica didyma Ten.

一年生或二年生草本。全体被长柔毛。叶在茎下部的对生，上部的互生；叶片心形至卵圆形，先端圆钝，基部圆形，边缘有深切的钝齿，两面被白色长柔毛。花单生于叶腋；花冠淡紫色、蓝色、粉红色或白色；雄蕊2枚。蒴果近肾形，密被腺毛。

生于路边草丛。常见。

300 **阿拉伯婆婆纳**（玄参科 Scrophulariaceae）

Veronica persica Poir.

一年生或二年生草本。叶在茎基部的对生，上部的互生；叶片卵圆形或卵状披针形，先端圆钝，基部浅心形、平截或圆形，边缘具钝齿，两面疏生柔毛。花单生于叶腋；花冠蓝色或紫色；雄蕊 2 枚。蒴果肾形，被腺毛。

生于路边草丛。常见。

301 两头连（玄参科 Scrophulariaceae）

Veronicastrum villosulum（Miq.）T. Yamaz. var. *parviflorum* T. L. Chin et D. Y. Hong

多年生草本。全体密被棕色多节长腺毛。叶互生；叶片常卵状菱形，先端急尖至渐尖，基部宽楔形，稀圆形，边缘具三角形锯齿。花序近头状，腋生；花冠紫色或蓝紫色；雄蕊2枚。蒴果卵形。

生于路边林缘。少见。

玄参科常见种分种检索表

1. 高大落叶乔木 ……………………………………… 台湾泡桐 *Paulownia kawakamii*
1. 矮小草本。
  2. 叶互生。
    3. 叶以基生叶为主；花数朵排成顶生的总状花序；雄蕊4枚。
      4. 花大，花冠长5cm以上，裂片近相等 ……… 天目地黄 *Rehmannia chingii*
      4. 花冠长1.5cm以下，二唇形。
        5. 子房被毛；萼裂片披针形 ……………… 早落通泉草 *Mazus caducifer*
        5. 子房无毛；萼裂片卵形 …………………… 通泉草 *Mazus japonicus*
    3. 叶生于匍匐茎上；花多数组成腋生的穗状花序；雄蕊2枚 ……………………
    …………………… 两头连 *Veronicastrum villosulum* var. *parviflorum*
  2. 叶对生。
    6. 花冠辐状，筒部极短，雄蕊2枚；蒴果肾形。
      7. 花梗长于苞叶；蒴果具明显的网脉 ……… 阿拉伯婆婆纳 *Veronica persica*
      7. 花梗较苞叶稍短；蒴果无明显的网脉 ………… 婆婆纳 *Veronica didyma*
    6. 花冠二唇形，具明显的筒部，雄蕊4枚；蒴果长椭圆球形 ………………
    ……………………………… 刺毛母草 *Lindernia setulosa*

302 凌霄（紫葳科 Bignoniaceae）

Campsis grandiflora (Thunb.) K. Schum.

　　落叶攀援藤本。叶对生；奇数羽状复叶；小叶片卵形至卵状披针形，先端长渐尖，基部宽楔形，边缘有粗锯齿；两小叶柄间有淡黄色柔毛。圆锥花序顶生；花冠内面鲜橘红色，外面橙黄色；发育雄蕊4枚，二强，着生于花冠筒近基部，花药"丁"字形着生。蒴果长如豆荚。

　　常见栽培。

303 苦苣苔（苦苣苔科 Gesneriaceae）

Conandron ramondioides Siebold et Zucc.

　　多年生草本。根状茎短,横卧。芽密被锈色多节长柔毛。叶基生;叶片草质或薄纸质,椭圆状卵形或长圆形,先端急尖或渐尖,基部宽楔形或近圆形,边缘具小牙齿、浅钝齿、缺刻状重牙齿,或有时呈浅波状不明显浅裂。花茎疏生白色短柔毛;聚伞花序伞房状;花冠紫色或白色;雄蕊5枚。蒴果狭卵形或长椭圆球形。

　　生于沟边石壁上。少见。

304 绢毛马铃苣苔（苦苣苔科 Gesneriaceae）

Oreocharis sericea（H. Lév.）H. Lév.

　　多年生草本。根状茎短而粗。叶基生;叶片长圆状椭圆形、椭圆状卵形,先端急尖,基部近圆形,边缘具浅齿,近全缘,两面被淡褐色绢状柔毛;叶柄密被绢状柔毛。聚伞花序;花序梗、花梗疏被绢状柔毛;苞片、花萼外面被淡褐色绢状柔毛;花冠紫色或紫红色;雄蕊4枚,二强。蒴果线状长圆形。

　　生于沟边岩石上。常见。

305 圆叶挖耳草（狸藻科 Lentibulariaceae）

Utricularia striatula Sm.

一年生陆生草本。假根少数，丝状，不分枝。叶器基生，呈莲座状或散生于匍匐枝上，倒卵状圆形，全缘。捕虫囊散生于匍匐枝上，斜卵球形。总状花序，有时简化为单生；花冠淡紫色或白色，喉部具黄斑；雄蕊2枚，生于花冠筒基部；雌蕊由2枚心皮组成。蒴果斜倒卵状球形。

生于林下石上湿处。较少见。

306 爵床（爵床科 Acanthaceae）

Justicia procumbens L.

一年生匍匐或披散草本。茎沿棱被倒生短毛，节稍膨大。叶对生；叶片椭圆形至椭圆状长圆形，先端急尖或钝，基部楔形，全缘或微波状，上面贴生横列的粗大钟乳体，下面沿脉疏生短硬毛。穗状花序顶生或生于上部叶腋；花冠淡红色或紫红色，稀白色；雄蕊2枚。蒴果线形。

生于路边草丛。常见。

307 九头狮子草（爵床科 Acanthaceae）

Peristrophe japonica（Thunb.）Bremek.

多年生草本。茎直立，被倒生伏毛。叶对生；叶片卵状长圆形至披针形，先端渐尖，基部楔形，稍下延，全缘，两面有钟乳体及少数平贴硬毛。花序由聚伞花序组成；花冠淡红色，外面疏被短柔毛；雄蕊2枚，着生于花冠筒内，花丝有柔毛。蒴果椭圆形。

生于林缘草丛或路边。常见。

308 车前（车前科 Plantaginaceae）

Plantago asiatica L.

多年生草本。根状茎短而肥厚。叶基生；叶片卵形至宽卵形，先端钝，基部楔形，全缘或有波状浅齿。穗状花序顶生；花绿白色；雄蕊4枚。蒴果椭圆形。

生于路边或荒地。常见。

309 **细叶水团花**（茜草科Rubiaceae）

Adina rubella Hance

　　落叶灌木。嫩枝密被短柔毛。叶对生；叶片纸质，卵状椭圆形或宽卵形披针形，先端短渐尖至渐尖，基部宽楔形，全缘，上面沿中脉被柔毛，下面沿脉被疏柔毛。头状花序顶生；花冠淡紫红色；雄蕊5枚，着生于花冠筒喉部。蒴果长卵状楔形。

　　生于溪沟边。较常见。

310 浙皖虎刺（茜草科 Rubiaceae）

Damnacanthus macrophyllus Siebold et Zucc.

小灌木。根通常肥厚，有时呈念珠状。小枝被开展粗短毛，具小针刺。叶对生；叶片亚革质，卵形、宽卵形或卵形椭圆形，先端急尖至短渐尖，基部圆形或宽楔形，全缘；叶柄被短粗毛。花白色。核果球形。

生于沟边林下。少见。

311 香果树（茜草科 Rubiaceae）

Emmenopterys henryi Oliv.

落叶乔木。叶对生；叶片革质或薄革质，宽椭圆形至宽卵形，先端急尖或短渐尖，基部圆形或楔形，全缘，下面沿脉及脉腋内有淡褐色柔毛或有时全面被毛。聚伞花序组成顶生的大型圆锥花序；花冠白色，内、外两面均被柔毛；雄蕊5枚，着生于花冠筒的喉部稍下。果近纺锤形。

国家二级保护植物。

生于沟边林缘。较少见。

312 六叶葎（茜草科Rubiaceae）

Galium asperuloides Edgew. subsp. *hoffmeister*i（Klotzsch）Hara

　　一年生草本。根红色，丝状。茎中部以上的叶6片轮生，叶片椭圆状倒卵形或长椭圆状倒卵形，稀长椭圆形，先端急尖，具短尖头，基部楔形，上面靠近边缘处及边缘具伏毛；茎中部以下的叶通常4片轮生，叶片倒卵形，常较小，其余特征与上相同。聚伞花序顶生，单生或簇生；花冠白色；雄蕊与花冠裂片同数。果球形。

　　生于草丛。常见。

313 四叶葎（茜草科Rubiaceae）

Galium bungei Steud.

多年生草本。茎纤细。叶4片轮生；茎中部以上的叶片线状椭圆形或线状披针形，先端急尖，基部楔形，边缘、两面中脉上及近边缘处有短刺状毛。聚伞花序顶生及腋生；花冠淡黄绿色；雄蕊与花冠裂片同数。果由两个呈半球形的分果组成，具鳞片状凸起。

生于草丛。常见。

314 **金毛耳草**（茜草科Rubiaceae）

Hedyotis chrysotricha（Palib.）Merr.

多年生匍匐草本。茎被金黄色柔毛。叶对生；叶片薄纸质或纸质，椭圆形、卵状椭圆形或卵形，先端急尖，基部圆形，干后略反卷。花腋生；花冠淡紫色或白色；雄蕊与花冠裂片同数，着生于花冠筒的喉部。蒴果球形。

生于路边、岩石上或林缘。较常见。

315 污毛粗叶木（茜草科Rubiaceae）

Lasianthus hartii Franch.

　　灌木。小枝密被黄褐色柔毛。叶对生；叶片近革质，长椭圆状披针形或长圆状披针形，先端长渐尖或渐尖，基部楔形或近圆状楔形，边缘浅波状全缘，下面被淡灰黄色柔毛，并密被小疣状凸起。花腋生；花冠白色；雄蕊4～6枚，着生于花冠筒喉部。核果近圆形。

　　生于沟边林缘。较少见。

316 **羊角藤**（茜草科Rubiaceae）

Morinda umbellata L.

　　常绿攀援灌木。小枝被粗短柔毛。叶对生；叶片薄革质或纸状革质，倒卵状长圆形、长圆形、长圆状披针形、长圆状椭圆形至椭圆形，先端急尖或短渐尖，基部楔形或宽楔形，全缘。小头状花序组成伞形花序，顶生；花冠白色；雄蕊与花冠裂片同数，着生于花冠筒喉部。聚合果扁球形或近肾形。

　　生于林缘或岩石上。较常见。

317 大叶白纸扇（茜草科Rubiaceae）

Mussaenda shikokiana Makino

　　落叶灌木。小枝被黄褐色短柔毛。叶对
生；叶片膜质或薄纸质，宽卵形或宽椭圆形，
先端渐尖至短渐尖，基部长楔形，全缘，两面疏被柔毛；叶柄被短柔毛。伞房状聚
伞花序，密被柔毛；花冠黄色，外面密被平伏长柔毛；雄蕊5枚，着生于花冠筒的喉
部。浆果近球形。

　　生于沟边或林缘。较常见。

318 鸡矢藤（茜草科Rubiaceae）

Paederia scandens（Lour.）Merr.

缠绕藤本。茎幼时被柔毛。叶对生；叶片纸质，通常卵形、长卵形至卵状披针形，先端急尖至短渐尖，基部心形至圆形，稀平截，全缘。圆锥状聚伞花序腋生或顶生；花冠浅紫色，外面被灰白色细绒毛，内面被绒毛；雄蕊与花冠裂片同数，着生于花冠筒的喉部。果球形。

生于路边、岩石上、灌丛或林缘。常见。

茜草科常见种分种检索表

1. 木本植物。
  2. 花多数,组成球形的头状花序 ···················· 细叶水团花 *Adina rubella*
  2. 花较少,组成聚伞花序,或由小头状花序排成伞形,或几朵生于叶腋。
    3. 花序顶生。
      4. 花序中有些花1枚萼片扩大成叶片状;乔木或灌木。
        5. 乔木;蒴果长椭圆球形或长圆状卵球形 ········· 香果树 *Emmenopterys henryi*
        5. 灌木;浆果近球形 ················· 大叶白纸扇 *Mussaenda shikokiana*
      4. 花的萼片不扩大;木质藤本 ················· 羊角藤 *Morinda umbellata*
    3. 花几朵生于叶腋。
        6. 针刺对生于叶柄间;核果红色;子房2室 ·····················
                            浙皖虎刺 *Damnacanthus macrophyllus*
        6. 植株无针刺;核果蓝色;子房4~9室 ······· 污毛粗叶木 *Lasianthus hartii*
1. 草本植物。
  7. 叶对生;茎不被刺毛。
    8. 缠绕藤本;花多数组成顶生兼腋生的圆锥状聚伞花序 ··· 鸡矢藤 *Paederia scandens*
    8. 匍匐草本;花腋生 ················· 金毛耳草 *Hedyotis chrysotricha*
  7. 叶轮生;茎倒生刺毛。
    9. 叶在茎上6片轮生·················· 六叶葎 *Galium asperuloides* subsp. *hoffmeisteri*
    9. 叶在茎上4片轮生 ··················· 四叶葎 *Galium bungei*

319 **菰腺忍冬**（忍冬科 Caprifoliaceae）

Lonicera hypoglauca Miq.

　　落叶木质藤本。幼枝密被淡黄褐色弯曲短柔毛。叶片纸质，卵形至卵状长圆形，先端渐尖，基部圆形或近心形。双花单生或簇生于枝顶，呈总状；花冠白色，基部稍带红晕，后变黄色，外面被稀疏倒生微柔毛、腺或无毛。果近圆形。

　　生于山坡林缘灌丛中。较常见。

320 忍冬（忍冬科 Caprifoliaceae）

Lonicera japonica Thunb.

　　半常绿木质藤本。幼枝密被黄褐色开展糙毛及腺毛。单叶对生，稀轮生；叶片纸质，卵形至长圆状卵形，有时卵状披针形，稀倒卵形，先端短尖至渐尖，稀圆钝或微凹，基部圆形或近心形，边缘具缘毛。花双生；花冠白色，后变黄色；雄蕊5枚。果圆球形。

　　生于路边林缘或灌丛。常见。

321 **接骨木**（忍冬科Caprifoliaceae）
Sambucus williamsii Hance

　　落叶灌木或小乔木。奇数羽状复叶；侧生小叶片披针形、椭圆状披针形，先端渐尖，基部偏斜或宽楔形，边缘具细密的锐锯齿，上面散生糠屑状细毛；叶片揉搓后有臭味。圆锥状聚伞花序顶生；花冠裂片长卵形或长卵圆形；雄蕊5枚。果球形或椭圆形。

　　生于林缘或林下潮湿处。较常见。

322　荚蒾（忍冬科 Caprifoliaceae）

Viburnum dilatatum Thunb.

落叶灌木。单叶；叶片膜纸质或薄纸质，宽倒卵形、倒卵形、椭圆形、宽卵形，有时近圆形或在萌芽枝上为卵状长圆形，先端急尖或短渐尖，基部圆形至钝形或微心形，有时楔形。复伞形花序；花冠白色；雄蕊5枚。浆果状核果卵形至近球形。

生于沟边、路边或林缘。常见。

323 **宜昌荚蒾**（忍冬科 Caprifoliaceae）
Viburnum erosum Thunb.

　　落叶灌木。叶片膜纸质至纸质，卵形、狭卵形、卵形宽椭圆形、长圆形或倒披针形，先端渐尖或急尖，基部常微心形、圆形或宽楔形，有时楔形，边缘有尖齿，上面多少被叉状毛或星状毛。复伞形花序；花冠白色；雄蕊5枚。浆果状核果宽卵形至球形。

　　生于山坡路边。常见。

324 **饭汤子**（忍冬科 Caprifoliaceae）
Viburnum setigerum Hance

　　落叶灌木。叶片纸质，卵形长圆形至卵状披针形、狭椭圆形，稀宽卵形、椭圆状卵形、线状披针形、倒卵形，先端长渐尖，基部楔形至圆形，稀可带心形；叶柄有少量长伏毛或几无毛至无毛。花序复伞形；花冠白色；雄蕊5枚。浆果状核果卵圆形至卵状长圆形。

　　生于山坡路边或灌丛。常见。

325 水马桑（忍冬科 Caprifoliaceae）

Weigela japonica Thunb. var. *sinica*（Rehd.）Bailey

　　落叶灌木或小乔木。单叶对生；叶片长卵形、卵形椭圆形或倒卵形，先端渐尖，基部宽楔形或圆形；叶柄有柔毛。聚伞花序腋生或顶生；花冠白色至淡红色，稀桃红色；雄蕊5枚，着生于近花冠筒中部。蒴果圆柱形。

　　生于水沟边。较少见。

忍冬科常见种分种检索表

1. 灌木或小乔木；浆果状核果或蒴果；花辐射对称或近辐射对称。

　2. 叶为单叶。

　　3. 花柱极短；浆果状核果。

　　　4. 叶柄具托叶 ························· 宜昌荚蒾 *Viburnum erosum*

　　　4. 叶柄无托叶。

　　　　5. 叶片损伤处变黑色；果序下垂 ········· 饭汤子 *Viburnum setigerum*

　　　　5. 叶片损伤处不变黑色；果序直立 ········· 荚蒾 *Viburnum dilatatum*

　　3. 花柱细长；蒴果 ················· 水马桑 *Weigela japonica* var. *sinica*

　2. 叶为羽状复叶 ················· 接骨木 *Sambucus williamsii*

1. 木质藤本；浆果；花明显两侧对称。

　6. 苞片大，叶状；花序梗明显；叶背无腺体 ················· 忍冬 *Lonicera japonica*

　6. 苞片小，披针形；花序梗短于叶柄；叶背具蘑菇状橘红色腺体 ·················

　　 ················· 菰腺忍冬 *Lonicera hypoglauca*

326 败酱（败酱科 Valerianaceae）

Patrinia scabiosifolia Link

多年生草本。根状茎细长,横生。基生叶丛生,叶片卵形或长卵形,先端钝,基部楔形,边缘有粗锯齿;茎生叶对生,叶片披针形或宽卵形,常羽状深裂或全裂。伞房状聚伞花序顶生;花冠黄色;雄蕊4枚。瘦果长椭圆形。

生于路边。常见。

327 **白花败酱**（败酱科 Valerianaceae）

Patrinia villosa（Thunb.）Dufr.

多年生草本。地下根状茎长而横走，偶在地表匍匐生长。地上茎直立，密被倒生白色粗毛。基生叶丛生，叶片宽卵形或近圆形，先端渐尖，基部楔形下延，边缘有粗齿，不分裂或大头状深裂；茎生叶对生，叶片卵形或窄椭圆形，先端渐尖，基部楔形下延，边缘羽状分裂或不裂。聚伞花序排列成伞房状圆锥花序；花冠白色；雄蕊4枚。瘦果倒卵形。

生于路边。常见。

328 **绞股蓝**（葫芦科 Cucurbitaceae）
Gynostemma pentaphyllum（Thunb.）Makino

多年生草质攀援植物。茎柔弱。鸟足状复叶；小叶片卵状长圆形或披针形，先端急尖或短渐尖，基部渐狭，边缘具波状齿或圆齿状牙齿，两面均疏被短硬毛。花单性异株。雄花：组成圆锥花序；花冠淡绿色或白色；雄蕊5枚。雌花：组成圆锥花序；退化雄蕊5枚。果球形。

生于路边或林缘。常见。

329 羊乳（桔梗科 Campanulaceae）

Codonopsis lanceolata（Siebold et Zucc.）Trautv.

多年生缠绕植物。根倒卵状纺锤形。叶在主茎上互生，叶片披针形或菱状狭卵形，先端急尖或钝，基部渐狭，通常全缘或有疏波状锯齿。花单生或对生于枝顶；雄蕊5枚。蒴果下部半球状，上部具喙。

生于林缘或路边林下。较常见。

330 半边莲（桔梗科 Campanulaceae）

Lobelia chinensis Lour.

多年生草本。茎细弱。叶互生；叶片长圆状披针形或线形，先端急尖，基部圆形至宽楔形，全缘或顶部有波状小齿。花单生于叶腋；花冠粉红色或白色；雄蕊5枚，花丝中部以上连合。蒴果倒圆锥形。

生于路边或田边。常见。

331 卵叶异檐花（桔梗科 Campanulaceae）

Triodanis biflora（Ruiz et Pav.）Greene

一年生草本。根细小。茎通常直立。叶互生；叶片卵形，先端急尖，基部圆形，边缘有少数圆齿，下面沿叶脉疏生短毛。花腋生及顶生；花冠蓝色或紫色；雄蕊5～6枚。蒴果近圆柱形。

生于山坡路边。较常见。

332 宽叶下田菊（菊科 Compositae）

Adenostemma lavenia（L.）Kuntze var. *latifolium*（D. Don）Hand.-Mazz.

一年生草本。茎自上部被白色短柔毛，下部或中部以下无毛。叶片卵形或宽卵形，基部心形或圆，边缘有缺刻状或犬齿状锯齿、重锯齿，锯齿尖或钝。头状花序排列成松散伞房状或伞房圆锥状；花序梗被灰白色或锈色短柔毛。瘦果倒披针形。

生于沟边。较常见。

333 **藿香蓟**（菊科 Compositae）

Ageratum conyzoides L.

　　一年生草本。茎直立，粗壮，不分枝，或自基部或自中部以上分枝，或基部平卧而节常生不定根。叶对生，有时上部互生；叶片卵形或菱状卵形，先端急尖，基部圆钝或宽楔形，边缘圆锯齿，两面被白色稀疏的短柔毛并具黄色腺点，或有时下面近无毛。头状花序在茎端排列成伞房状；管状花蓝色或白色。瘦果具稀疏白色细柔毛。

　　生于路边荒地。常见。

334 杏香兔儿风（菊科 Compositae）

Ainsliaea fragrans Champ.ex Benth.

　　多年生草本。茎密被棕色长毛。叶基部假轮生；叶片卵状长圆形，先端圆钝，基部心形，全缘，少有疏短刺状齿，下面被棕色长柔毛；叶柄被毛。头状花序排列成总状；花全为管状，白色，稍有杏仁气味。瘦果倒披针状长圆形，密被硬毛。

　　生于路边林缘。常见。

335 铁灯兔儿风（菊科 Compositae）

Ainsliaea macroclinidioides Hayata

　　多年生草本。茎密被棕色长柔毛或脱落。叶聚生于茎中部，呈莲座状，或有时散生；叶片宽卵形，有时卵状长圆形或长圆状椭圆形，先端急尖，基部圆形或浅心形，边缘近全缘或具芒状齿，下面被疏长毛；叶柄有毛或变无毛。头状花序单生或排列成总状；花全为管状。瘦果倒披针形，密被硬毛。

　　生于路边林缘。常见。

336 **野艾蒿**（菊科 Compositae）

Artemisia lavandulifolia DC.

多年生草本。茎被密短毛。叶大型,具长柄及假托叶;基部叶在花期枯萎;中部叶片长椭圆形,2回羽状深裂,先端渐尖,基部下延,边缘反卷,上面被短柔毛及白色腺点,下面密被灰白色棉毛;上部叶片披针形,全缘。头状花序着生于茎分枝端,排列成圆锥状;花管状,红褐色;缘花雌性;盘花两性。瘦果椭圆形。

生于路边、草丛或林缘。常见。

337 三脉紫菀（菊科 Compositae）

Aster ageratoides Turcz.

　　多年生草本。根状茎粗壮。下部叶片宽卵状圆形，基部急狭成长柄；中部叶片长圆状披针形或狭披针形，先端渐尖，中部以下急狭，形成楔形、具宽翅的柄，边缘有粗锯齿；上部叶片有浅齿或全缘；全部叶片上面被密糙毛，下面被疏短柔毛或除沿脉外无毛，稍有腺点，通常离基三出脉。头状花序排列成伞房状或圆锥状；缘花舌状，紫色或浅红色；盘花管状，黄色。瘦果倒卵状长圆形，被短粗毛。

　　生于路边草丛或林缘。常见。

338 陀螺紫菀（菊科 Compositae）

Aster turbinatus S. Moore

　　多年生草本。茎被糙毛。下部叶片卵圆形或卵圆状披针形，先端尖，基部截形或圆形，渐狭成柄，柄具宽翅，边缘具疏齿；中部叶片长圆形或椭圆状披针形，先端尖或渐尖，边缘有浅齿，基部有抱茎的圆状小耳；上部叶片卵圆形或披针形；全部叶片厚纸质。头状花序单生或簇生于上部叶腋；缘花舌状，蓝紫色；盘花管状。瘦果倒卵状长圆形。

　　生于山坡草丛。常见。

339 大狼把草（菊科Compositae）

Bidens frondosa L.

一年生草本。茎被疏毛或无毛。叶对生；叶片1回羽状全裂，先端渐尖，基部楔形，边缘具粗锯齿，通常下面被稀疏短柔毛。头状花序顶生于茎端或枝端；缘花舌状，白色或黄色；盘花管状，黄色。瘦果狭楔形。

生于路边。常见。

340 烟管头草（菊科 Compositae）

Carpesium cernuum L.

多年生草本。茎直立,粗壮。茎下部叶片长椭圆形或匙状长椭圆形,先端急尖或钝,基部渐狭下延,形成有翅的长叶柄,全缘或有波状齿;中部叶片椭圆形至长椭圆形,先端渐尖或急尖,基部楔形;上部叶片椭圆形至椭圆状披针形,全缘。头状花序单生于茎枝端;花全为管状;缘花黄色,雌性;盘花两性。瘦果线形。

生于路边草丛。常见。

341 **蓟**（菊科 Compositae）

Cirsium japonicum DC.

多年生草本。全体被稠密或稀疏的多节长毛。叶互生；基生叶片卵形、长倒卵状椭圆形或长椭圆形，羽状深裂或几全裂，边缘有大小不等的小锯齿；中部叶片长圆形，羽状深裂，基部抱茎。头状花序球形，顶生和腋生；花全为管状。瘦果偏斜，楔状倒披针形。

生于路边草丛。常见。

342 大花金鸡菊（菊科 Compositae）

Coreopsis grandiflora Hogg ex Sweet

多年生草本。茎下部长有稀疏的糙毛，上部有分枝。叶对生；基生叶片披针形或匙形；下部叶片羽状全裂；中部及上部叶片深裂。头状花序单生于枝顶；缘花舌状，黄色，雌性；盘花管状，两性。瘦果宽椭圆形或近圆形。

常见栽培，供观赏。

343 ## 野菊（菊科 Compositae）

Dendranthema indicum（L.）Des Moul.

多年生草本。茎被细柔毛。叶互生；中部茎生叶片卵形或长圆状卵形，羽状深裂；全部叶片上面有腺体及疏柔毛，下面毛较多，基部渐狭成有翅的叶柄。头状花序在枝顶排列成伞房状圆锥花序或不规则的伞房状；缘花舌状，黄色，雌性；盘花管状，两性。瘦果倒卵形。

生于山坡草丛。较常见。

344 东风菜（菊科 Compositae）

Doellingeria scaber (Thunb.) Nees

多年生草本。茎被微毛。基部叶片心形，先端尖，基部急狭成柄，边缘有具小尖头的齿；中部叶片卵状三角形，基部圆形或稍截形；上部叶片长圆状披针形或线形；全部叶片质厚，两面被微糙毛。头状花序；缘花舌状，白色，雌性；盘花管状，两性。瘦果倒卵圆形或椭圆形。

生于山坡林下。较常见。

345 **鳢肠**（菊科 Compositae）

Eclipta prostrata (L.) L.

一年生草本。茎匍匐状或直立，通常自基部分枝，被糙硬毛。叶对生；叶片长圆状披针形或线状披针形，先端渐尖，基部楔形，全缘或具细齿，两面被密硬糙毛。头状花序顶生或腋生；缘花舌状，白色，雌性；盘花管状，白色，两性。雌花的瘦果三棱形，两性花的瘦果扁四棱形。

生于路边草丛。常见。

346 华泽兰（菊科 Compositae）

Eupatorium chinense L.

多年生草本。茎直立，被污白色短柔毛。叶对生；中部叶片卵形、宽卵形，少有卵状披针形，先端渐尖或钝，基部圆形或心形，边缘有不规则的粗锯齿，下面有柔毛间有腺点。头状花序排列成疏散的复伞房状；花管状，外面被稀疏黄色腺点。瘦果圆柱形，散布黄色腺点。

生于路边、林缘或山坡。常见。

347 睫毛牛膝菊（菊科 Compositae）

Galinsoga parviflora Cav.

　　一年生草本。茎直立，不分枝或从基部分枝。叶对生；叶片卵形或长圆状卵形，先端渐尖，基部圆形或宽楔形，边缘有浅或钝锯齿、波状浅锯齿，两面被白色稀疏短柔毛，沿脉上毛较密；叶柄具短柔毛。头状花序半球形或宽钟状；缘花舌状，白色；盘花管状，黄色，两性。瘦果具3～5条棱，被白色微毛。

　　生于路边。常见。

348 鼠麹草（菊科 Compositae）

Gnaphalium affine D. Don

多年生草本。茎上部密被紧贴的白色棉毛。中部及下部叶近革质,叶片倒披针状长圆形或倒卵状长圆形,先端急尖,基部长渐狭,下延,抱茎,全缘,两面密被白色棉毛。头状花序在枝端密集排列成球状,再排成大的伞房状;缘花细管状,具腺点,雌性;盘花管状,具腺点,两性。瘦果圆柱形,具乳头状凸起。

生于路边、山坡或草丛。常见。

349 革命菜（菊科 Compositae）

Gynura crepidiodes Benth.

一年生草本。茎无毛或被稀疏短柔毛。叶互生;叶片卵形或长圆状倒卵形,先端尖或渐尖,基部楔形或渐狭下延至叶柄,边缘有不规则的锯齿或基部羽状分裂,两面近无毛或下面被短柔毛。头状花序顶生或腋生,排列成伞房状;花管状,橙红色。瘦果狭圆柱形。

生于路边或草丛。常见。

350　泥胡菜（菊科 Compositae）

Hemisteptia lyrata（Bunge）Fisch. et C. A. Mey.

　　一年生草本。基生叶莲座状，叶片倒披针形或披针状椭圆形，羽状深裂或琴状分裂，下面密被白色蛛丝状毛；中部叶片椭圆形，先端渐尖，羽状分裂；上部叶片线状披针形至线形，全缘或浅裂。头状花序在枝顶排列成疏松伞房状；花全为管状，紫红色。瘦果楔状或偏斜楔形。

　　生于路边荒地。常见。

351 **中华苦荬菜**（菊科 Compositae）

Ixeris chinensis（Thunb.）Kitag.

　　多年生草本。基生叶线状披针形、披针形或倒披针形，先端渐尖或钝圆，基部楔形，下延成翼柄，全缘，具齿或不规则羽状深裂；茎生叶线状披针形或披针形，先端渐尖，基部稍抱茎，全缘或具齿。头状花序排列成疏伞房状圆锥花序式；花全为舌状，白色或带淡紫色。瘦果狭披针形。

　　生于路边草丛。常见。

352 **剪刀股**（菊科 Compositae）

Ixeris debelis (Thunb.) A. Gray

多年生草本。基生叶莲座状，叶片匙状倒披针形至倒卵形，先端钝圆，基部下延成叶柄，全缘、具疏锯齿或下部浅羽状分裂；茎生叶全缘。头状花序；花全为舌状，黄色。瘦果纺锤形。

生于路边草丛。常见。

353 **齿缘苦荬**（菊科 Compositae）

Ixeris dentata（Thunb.）Nakai

　　多年生草本。基生叶倒披针形或倒披针状长圆形，先端急尖，基部下延成叶柄，边缘具钻状锯齿或稍羽状全裂，稀全缘；茎生叶披针形或长圆状披针形，先端渐尖，基部略呈耳状抱茎，耳廓圆，耳缘有稀疏微尖齿。头状花序排列成伞房状；花全为舌状，黄色。瘦果纺锤形，有短喙。

　　生于路边草丛。常见。

354 苦荬菜（菊科 Compositae）

Ixeris denticulata（Hoott.）Stebbin

一年生或二年生草本。基生叶片卵形、长圆形或披针形，先端急尖，基部渐窄成柄，边缘波状齿裂或羽状分裂；茎生叶片舌状卵形或倒长卵形，先端急尖，基部微抱茎，耳状，边缘具不规则锯齿。头状花序排列成伞房状；花全为舌状，黄色。瘦果纺锤形。

生于路边草丛。常见。

355 翅果菊（菊科 Compositae）
Pterocypsela indica (L.) C. Shih

　　二年生草本。中下部叶片披针形或狭长圆形，先端急尖，基部钝，抱茎，边缘二回羽状或倒向羽状分裂；上部叶片羽状分裂或全缘。头状花序排成宽或窄的圆锥花序式；花全为舌状，淡黄色或白色，下部密被白毛。瘦果椭圆形或宽卵形。

　　生于路边草丛。常见。

356 千里光（菊科 Compositae）

Senecio scandens Buch.-Ham. ex D. Don

　　多年生草本。茎初被疏短柔毛，花后渐脱落至近无毛。叶互生；中下部叶片卵状披针形至长三角形，先端长渐尖，基部楔形至截形，边缘具不规则钝齿、波状齿或近全缘，有时下部具1对或2对裂片，两面疏被短柔毛或上面无毛；上部叶片渐尖，线状披针形。头状花序在茎枝端排成开展的复伞房状或圆锥状聚伞花序式；花序梗被短柔毛；缘花舌状，黄色，雌性；盘花管状，黄色，两性。瘦果圆柱形。

　　生于路边、山坡或林缘。常见。

357 华麻花头（菊科 Compositae）

Serratula chinensis S. Moore

多年生草本。茎被柔毛。基生叶片宽卵形或长圆状披针形，先端急尖或渐尖，基部楔形，边缘具细锯齿，齿端有胼胝体，两面被微糙毛及棕黄色的小腺点。头状花序单生于茎枝顶端或排列成不明显的伞房状；花管状，紫色，两性。瘦果长圆形。

生于沟边。较常见。

358 蒲儿根（菊科 Compositae）

Sinosenecio oldhamianus（Maxim.）B. Nord.

一年生或二年生草本。茎下部被白色蛛丝状棉毛。叶互生；下部叶心状圆形，先端尖，基部心形，边缘具不规则三角状牙齿，下面密被白色蛛丝状棉毛；中部叶与下部叶同形或宽卵状心形；上部叶三角状卵形，先端渐尖，具短柄。头状花序在茎枝端排列成复伞形花序；缘花舌状，黄色，两性；盘花管状，两性。瘦果倒卵状圆柱形。

生于路边或草丛。常见。

359 **蒲公英**（菊科 Compositae）

Taraxacum mongolicum Hand.-Mazz.

　　多年生草本。叶基生；叶片宽卵状披针形或倒披针形，先端钝或急尖，基部渐狭，边缘具细齿、波状齿、羽状浅裂或倒向羽状深裂，上面疏被蛛丝状柔毛；叶柄被蛛丝状柔毛。花葶密被蛛丝状长柔毛；头状花序；花全为舌状，鲜黄色。瘦果长椭圆形。

　　生于草丛中。常见。

360 苍耳（菊科 Compositae）

Xanthium sibiricum Patrin ex Widder

一年生草本。叶互生；叶片三角状卵形或心形，先端钝或略尖，基部两耳间楔形，稍延入叶柄，全缘或有3～5不明显浅裂，边缘有不规则的粗锯齿，下面被糙伏毛。雄性的头状花序球形，雄花管状钟形；雌性的头状花序椭圆形。瘦果倒卵形。

生于路边荒地。较常见。

361 黄鹌菜（菊科 Compositae）

Youngia japonica (L.) DC.

一年生草本。茎被细柔毛或无毛。基部叶片长圆形、倒卵形或倒披针形，琴状或羽状浅裂至深裂，先端渐尖，基部楔形，边缘为深波状齿裂，无毛或具疏短柔毛。头状花序排列成聚伞状圆锥花序式；花全为舌状，黄色，两性。瘦果纺锤状。

生于路边荒地。较常见。

菊科常见种分种检索表

1. 植物体无乳汁；头状花序具管状的盘花和舌状的缘花，或只有管状花。
  2. 花药基部钝或微尖。
    3. 叶对生。
      4. 头状花序仅有管状花；花柱分枝圆柱形，上端常具棒状或稍扁的附属物。
        5. 花药顶端平截，无附属物；外层总苞片基部结合成环状 ························
··························· 宽叶下田菊 *Adenostemma lavenia* var. *latifolium*

　5. 花药顶端尖,具附属物;外层总苞片分离。

　　6. 冠毛膜片状,上宽下窄;叶柄明显 ·············· 藿香蓟 *Ageratum conyzoides*

　　6. 冠毛粗毛状;叶柄不明显或无 ·············· 华泽兰 *Eupatorium chinense*

4. 头状花序既有管状花也有舌状花;花柱分枝非棒状。

　7. 叶片一回全裂;瘦果顶端具2枚具倒毛的芒刺 ····· 大狼把草 *Bidens frondosa*

　7. 叶片有锯齿但不裂;瘦果顶端无附属物。

　　8. 叶片长圆状披针形,边缘常有细齿;冠毛鳞片状······ 鳢肠 *Eclipta prostrata*

　　8. 叶片卵形或椭圆状卵形,边缘具锯齿;冠毛膜片状 ·············

　　　·············· 睫毛牛膝菊 *Galinsoga parviflora*

3. 叶互生。

　9. 花柱分枝一面平一面凸,上端具三角形或披针形的附属器。

　　10. 叶具很长的叶柄;瘦果有两面各有2条肋;冠毛糙毛状 ·············

　　　·············· 东风菜 *Doellingeria scaber*

　　10. 叶柄很短或几无;瘦果稍扁,无肋;冠毛非糙毛状。

　　　11. 总苞半球形,总苞片3层;头状花序具梗,在枝顶排列成伞房状 ·············

　　　　·············· 三脉紫菀 *Aster ageratoides*

　　　11. 总苞倒圆锥形,总苞片多层;头状花序1～3个生于叶腋 ·············

　　　　·············· 陀螺紫菀 *Aster turbinatus*

　9. 花柱分枝顶端截形,无附属器或附属器小。

　12. 冠毛无,或为鳞片状。

　　13. 总苞片绿色,草质;花序托具托片。

　　　14. 叶片不分裂或浅裂;头状花序单性,雌花序总苞片愈合,总苞具多数钩

　　　　刺 ·············· 大花金鸡菊 *Coreopsis grandiflora*

　　　14. 叶片深裂至全裂;头状花序杂性,花序总苞片分离,无钩刺 ·············

　　　　·············· 苍耳 *Xanthium sibiricum*

　　13. 总苞片至少边缘干膜质;花序托无托片。

　　　15. 头状花序排列成伞房状,直径1.5～2cm,黄色·············

　　　　·············· 野菊 *Dendranthema indicum*

　　　15. 头状花序排列成圆锥状,直径不及5mm,灰白色 ·············

　　　　·············· 野艾蒿 *Artemisia lavandulifolia*

　12. 冠毛毛状。

　　16. 头状花序仅具管状花;花冠粉红色;一年生草本 ··· 革命菜 *Gynura crepidiodes*

　　16. 头状花序既有管状花也有舌状花;花冠黄色;多年生草本,或为一年生。

17. 茎直立;叶片近圆形,下面被蛛丝状毛⋯⋯⋯⋯⋯⋯⋯⋯⋯
⋯⋯⋯⋯⋯⋯⋯⋯⋯⋯⋯⋯⋯⋯⋯ 蒲儿根 *Sinosenecio oldhamianus*

17. 茎攀援;叶片卵状披针形或长三角形,下面被短柔毛⋯⋯⋯⋯
⋯⋯⋯⋯⋯⋯⋯⋯⋯⋯⋯⋯⋯⋯⋯⋯ 千里光 *Senecio scandens*

2. 花药基部锐尖至尾形。

18. 花柱分枝下部有毛环;头状花序仅具管状花。

19. 叶片羽状分裂;瘦果具平整的基底着生面。

20. 外层总苞片顶端具刺;叶片的裂片和裂齿顶端具针刺 ⋯⋯⋯⋯
⋯⋯⋯⋯⋯⋯⋯⋯⋯⋯⋯⋯⋯⋯⋯⋯ 蓟 *Cirsium japonicum*

20. 总苞片顶端不具刺;叶片无针刺 ⋯⋯⋯⋯ 泥胡菜 *Hemisteptia lyrata*

19. 叶片不裂;瘦果具歪斜的基底着生面 ⋯⋯⋯ 华麻花头 *Serratula chinensis*

18. 花柱分枝处下部无毛环;头状花序有管状花和舌状花。

21. 总苞钟形或半球形;管状花浅裂,辐射对称。

22. 植株矮小而多分枝,被白色绵毛;头状花序直径3~4mm ⋯⋯⋯
⋯⋯⋯⋯⋯⋯⋯⋯⋯⋯⋯⋯⋯⋯⋯⋯ 鼠麴草 *Gnaphalium affine*

22. 植株较高大而直立,被柔毛和曲柔毛;头状花序直径1.5cm以上 ⋯⋯
⋯⋯⋯⋯⋯⋯⋯⋯⋯⋯⋯⋯⋯⋯ 烟管头草 *Carpesium cernuum*

21. 总苞圆筒形;管状花深裂,两侧对称。

23. 叶基生 ⋯⋯⋯⋯⋯⋯⋯⋯⋯ 杏香兔儿风 *Ainsliaea fragrans* Champ.

23. 叶生于茎中部,呈莲座状 ⋯⋯⋯ 铁灯兔儿风 *Ainsliaea macroclinidioides*

1. 植物体有乳汁;头状花序只有舌状花。

24. 叶基生;头状花序单生;瘦果具瘤状和短刺状凸起 ⋯ 蒲公英 *Taraxacum mongolicum*

24. 叶基生和茎生;头状花序数个组成花序;瘦果无瘤、短刺状凸起。

25. 瘦果压扁,边缘有薄翅,每面具1条细脉 ⋯⋯⋯⋯ 翅果菊 *Pterocypsela indica*

25. 瘦果圆柱形或稍扁,边缘无翅,每面具多条纵肋。

26. 瘦果具喙,具等形的锐纵肋。

27. 茎匍匐;头状花序1~3个生于枝顶 ⋯⋯⋯ 剪刀股 *Ixeris debelis*

27. 茎直立;头状花序多数。

28. 瘦果具11~14条纵肋,喙极短;秋季开花 ⋯⋯⋯⋯⋯
⋯⋯⋯⋯⋯⋯⋯⋯⋯⋯⋯⋯⋯ 苦荬菜 *Ixeris denticulata*

28. 瘦果具10条纵肋,喙明显;春季开花。

29. 总苞长3~5mm;冠毛白色;花白色⋯ 中华苦荬菜 *Ixeris chinensis*

29. 总苞长6~9mm;冠毛浅棕色;花黄色 ⋯ 齿缘苦荬 *Ixeris dentata*

26. 瘦果几无喙,具不等形的纵肋 ⋯⋯⋯⋯⋯⋯⋯ 黄鹌菜 *Youngia japonica*

362 剪股颖（禾本科 Graminae）
Agrostis matsumurae Hack. ex Honda

多年生草本。叶鞘疏松抱茎，光滑无毛；叶舌透明膜质；叶片扁平，微粗糙。圆锥花序狭窄，花后开展；颖具1条脉；基盘无毛，外稃无芒，内稃细小；雄蕊3枚。

生于路边。常见。

363 荩草（禾本科 Graminae）
Arthraxon hispidus（Thunb.）Makino

一年生草本。秆细弱无毛，具多节，长分枝。叶鞘短于节间，生短硬疣毛；叶舌膜质，边缘具纤毛；叶片卵状披针形，下部边缘生纤毛。总状花序细弱，2～10枚指状排列或簇生，小穗无柄；第1颖具7或9条脉，第2颖具3条脉；第2外稃顶端具膝曲而下部扭转的长芒；雄蕊3枚。

生于林缘潮湿地带。较常见。

364 **疏花雀麦**（禾本科 Graminae）
Bromus remotiflorus（Steud.）Ohwi

多年生草本。秆节上具柔毛。叶鞘几乎完全闭合；叶舌较硬；叶片狭披针形，上面有柔毛，下面粗糙。圆锥花序开展，成熟时下垂，每节2～4分枝；第1颖具1条脉，第2颖具3条脉，内稃短于外稃；雄蕊3枚。

生于路边。常见。

365 **拂子茅**（禾本科 Graminae）
Calamagrostis epigeios（L.）Roth

多年生草本。秆平滑无毛或上部微粗糙。叶鞘平滑或稍粗糙；叶舌膜质，长圆形，先端尖而易破碎；叶片狭长条形，先端长渐尖，上面粗糙，下面光滑。圆锥花序圆筒形，挺直；第1颖具1条脉，第2颖具3条脉；基盘有柔毛，外稃长于内稃；雄蕊3枚。

生于山坡潮湿地带。较常见。

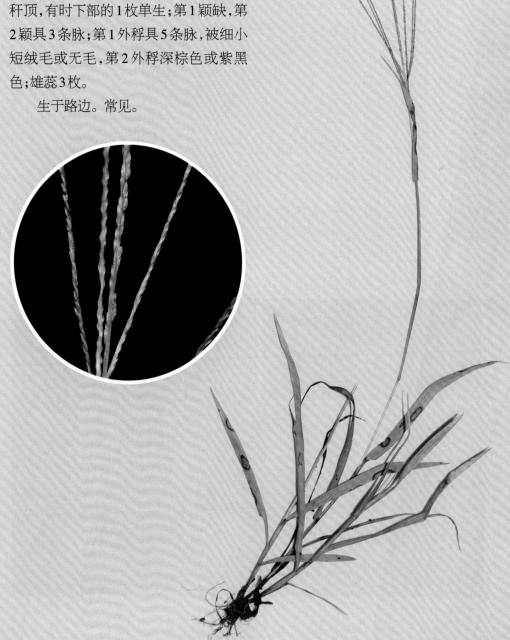

366 紫马唐（禾本科 Graminae）
Digitaria violascens Link

一年生草本。秆光滑无毛。叶鞘疏
松抱茎，大多光滑无毛；叶舌膜质；叶片长
条状披针形，无毛或基部有疏柔毛，边缘
稍粗糙。总状花序5～7枚，指状排列于
秆顶，有时下部的1枚单生；第1颖缺，第
2颖具3条脉；第1外稃具5条脉，被细小
短绒毛或无毛，第2外稃深棕色或紫黑
色；雄蕊3枚。

生于路边。常见。

367 阔叶箬竹（禾本科 Graminae）

Indocalamus latifolius（Keng）McClure

　　草本灌木状。秆箨质坚硬,箨鞘外面常密被棕褐色短刺毛,箨舌平截,先端有流苏状繸毛,无箨耳和鞘口繸毛;叶舌稍明显;叶片长圆形,上面无毛,下面近基部有粗毛。圆锥花序顶生;雄蕊3枚;柱头2。

　　生于林下或林缘。常见。

368 淡竹叶（禾本科 Graminae）

Lophatherum gracile Brongn.

　　多年生草本。叶互生;叶鞘光滑或一侧有纤毛;叶舌短小;叶片披针形,基部狭缩成柄状,无毛或两面均有柔毛或小刺状疣毛。圆锥花序,分枝斜升或开展;颖具5条脉;雄蕊2枚;柱头2。颖果与内、外稃分离。

　　生于路边林下潮湿处。常见。

369 **柔枝莠竹**（禾本科 Graminae）

Microstegium vimineum（Trin.）A. Camus

一年生草本。秆细弱,光滑。叶鞘短于节间,上部的内有隐藏小穗;叶舌膜质,先端具纤毛;叶片长条状披针形,先端渐尖,基部狭窄,边缘粗糙,两面均有柔毛或无毛。总状花序2或3枚;孪生小穗1枚有柄,1枚无柄,基盘有少量短毛;第1颖具2条脊,第2颖具1或3条脉;第2外稃顶端延伸成小尖至短芒;雄蕊2或3枚。

生于路边。常见。

370 **五节芒**（禾本科 Graminae）

Miscanthus floridulus（Labill.）Warb. ex K. Schum. et Lauterb.

多年生草本。秆高大,无毛,常具白粉。叶鞘无毛,或鞘口及边缘具纤毛;叶舌除上面基部有微毛外无毛;叶片长而扁平,有时内卷。圆锥花序顶生,由多数总状花序组成,总状花序细弱;小穗卵状披针形,基盘有长的丝状毛,小穗柄无毛,顶端膨大;第1颖两侧内折,第2颖具3条脉;第1外稃内侧无内稃,第2外稃先端2枚微齿间有长芒;雄蕊3枚。

生于山坡、溪边或路边草丛。常见。

371 山类芦（禾本科 Graminae）

Neyraudia montana Keng

多年生草本。叶互生；叶鞘疏松抱茎，基部的密生柔毛，上部的光滑无毛；叶舌密生柔毛；叶片内卷，光滑或上面具柔毛。圆锥花序顶生；小穗含3～6枚花；颖具1条脉；外稃具3条脉，略长于内稃；雄蕊3枚。

生于山坡、林下或岩石上。常见。

372 显子草（禾本科 Graminae）

Phaenosperma globosa Munro ex Benth.

多年生草本。秆单生或少数丛生，光滑无毛。叶鞘光滑无毛；叶舌质硬，两侧下延至叶鞘边缘；叶片长披针形，常反卷而使上面向下。圆锥花序，分枝于下部者多轮生；第1颖具3条脉，第2颖具3条脉；外稃略长于内稃；雄蕊3枚。颖果倒卵球形。

生于路边林下潮湿地带。较少见。

373 毛竹（禾本科 Graminae）

Phyllostachys pubescens Mazel ex H. de Lehaie

　　草本，秆高大。秆生叶箨鞘密被糙毛和深褐色斑点、斑块，箨耳和繸毛发达，箨舌发达，箨片三角形至披针形，反转。末级小枝具4～6枚枝生叶，无叶耳，具脱落性肩毛，叶舌较发达，叶片披针形。

　　山坡成片分布。常见。

374 **刚竹**（禾本科 Graminae）

Phyllostachys viridis（R. A. Young）McClure

草本。秆高大。每节分枝通常2枚。秆生叶箨鞘光滑无毛,常有褐色斑点或斑块,无箨耳和繸毛,箨舌中度发达,箨片长披针形或带形,反转而微皱。末级小枝具3~7枚枝生叶,叶耳和繸毛发达,叶舌中度发达,叶片披针形。

山坡成片分布。常见。

375 **白顶早熟禾**（禾本科 Graminae）

Poa acroleuca Steud.

二年生草本。叶鞘光滑;叶舌膜质,半圆形;叶片柔软,光滑或上面微粗糙。圆锥花序开展,卵圆形;第1颖具1条脉,第2颖具3条脉;基盘有绵毛;外稃较内稃稍长;雄蕊3枚。颖果纺锤形。

生于路边。常见。

376 早熟禾（禾本科 Graminae）

Poa annua L.

一年生或二年生草本。叶鞘光滑无毛，中部以下闭合；叶舌膜质，半圆形；叶片质柔软，先端呈船形。圆锥花序开展，卵圆形；第1颖具1条脉，第2颖具3条脉；基盘无绵毛；外稃与内稃近等长或稍长；雄蕊3枚。颖果纺锤形。

生于路边。常见。

377 狗尾草（禾本科 Graminae）

Setaria viridis（L.）P. Beauv.

一年生草本。秆直立，较细弱。叶鞘较松弛，无毛或具柔毛；叶舌具纤毛；叶片扁平，先端渐尖，基部略呈钝圆形或渐窄，通常无毛。圆锥花序紧密排列成圆柱形；刚毛多数；第1颖具3条脉，第2颖具5或7条脉；第1外稃具5或7条脉，第2外稃具细点状皱纹；雄蕊3枚。

生于路边或荒地。常见。

禾本科常见种分种检索表

1. 秆木质化；秆生叶与枝生叶明显不同，秆生叶叶片退化变小，枝生叶的叶鞘和叶柄间具关节。

  2. 秆矮小，灌木状，高不逾1m；秆各节分枝1枚；叶片大，长圆形 ⋯⋯⋯⋯⋯⋯⋯⋯⋯⋯⋯⋯⋯⋯⋯⋯⋯⋯⋯⋯⋯ 阔叶箬竹 *Indocalamus latifolius*

  2. 秆高大，乔木状；秆各节分枝2枚；叶片小，披针形。

3. 秆箨具箨耳;箨鞘外常具刺毛,鞘口具繸毛 ·········· 毛竹 *Phyllostachys pubescens*

3. 秆箨无箨耳;箨鞘外面常无毛,鞘口无繸毛·············· 刚竹 *Phyllostachys viridis*

1. 秆草质;叶一型,叶片和叶鞘间无关节。

4. 小穗脱节于颖之上,并在各花间逐节脱落,含1至多数小花;小穗轴延伸至最上部小花的内稃之后,呈刚毛状。

5. 叶片常反卷,下面朝上;圆锥花序下部的分枝轮生状;颖果近球形 ·········

··· 显子草 *Phaenosperma globosa*

5. 叶片不反卷;圆锥花序分枝斜展;颖果不呈球形。

6. 小穗仅含1枚花。

7. 圆锥花序圆筒形,紧密;外稃基盘有长柔毛 ··· 拂子茅 *Calamagrostis epigeios*

7. 圆锥花序狭窄但开展;外稃基盘无毛············· 翦股颖 *Agrostis matsumurae*

6. 小穗含1至多数小花,顶生小花通常发育不全。

8. 基盘具柔毛;外稃具3条脉 ··················· 山类芦 *Neyraudia montana*

8. 基盘无毛,或具绵毛;外稃具5~7条脉。

9. 叶片宽大,宽超过1.5cm,有明显的小横脉 ··· 淡竹叶 *Lophatherum gracile*

9. 叶片宽不超过5mm,无小横脉。

10. 外稃具7条脉,顶端具芒;叶鞘几乎完全闭合;子房顶端具糙毛 ·····

·· 疏花雀麦 *Bromus remotiflorus*

10. 外稃具5条脉,无芒;叶鞘部分闭合;子房无毛。

11. 秆高25cm以上;基盘具绵毛 ·········· 白顶早熟禾 *Poa acroleuca*

11. 秆高不及15cm;基盘无毛 ··············· 早熟禾 *Poa annua*

4. 小穗脱节于颖之下,整体脱落,含2枚小花;小穗轴不延伸。

12. 花序紧密排列成圆柱形,其中不育小枝特化为刚毛 ········ 狗尾草 *Setaria viridis*

12. 花序开展,无不育小枝。

13. 植株高大;小穗基盘有长的丝状毛;花序宽大 ··· 五节芒 *Miscanthus floridulus*

13. 植株低矮;小穗基盘具短毛或无毛;花序较小。

14. 第2外稃质地坚硬,顶端不延伸,深棕色或黑紫色 ··················

·· 紫马唐 *Digitaria violascens*

14. 第2外稃质地为膜质,顶端延伸成小尖至长芒,不变色。

15. 孪生小穗均可成熟;第2外稃具小尖或短芒;叶片长条状披针形

·· 柔枝莠竹 *Microstegium vimineum*

15. 孪生小穗近无柄,小穗结实;第2外稃先端具长芒;叶片卵状披针形

·· 荩草 *Arthraxon hispidus*

378 栗褐薹草（莎草科 Cyperaceae）

Carex brunnea Thunb.

多年生草本。秆丛生，三棱形，基部具栗褐色呈纤维状的枯叶鞘。叶3列互生；叶片狭长条形，粗糙。小穗多数，单生或并生，雄雌顺序，圆柱形；雌花鳞片锈褐色；果囊双凸状，具多条细脉，具短粗毛；柱头2。小坚果卵圆球形，平凸状。

生于林下或山坡。常见。

379　青绿薹草（莎草科 Cyperaceae）

Carex breviculmis R. Br.

多年生草本。秆丛生，三棱形，基部有纤维状细裂的褐色叶鞘。叶3列互生；叶片狭长条形，边缘粗糙。小穗2～5枚，顶生者雄性，苍白色，棍棒状，侧生者雌性，椭圆形或圆柱形；雌花鳞片中间绿色，两侧绿白色或黄绿色；果囊三棱状，具多条细毛，被短柔毛；柱头3。小坚果倒卵形，三棱状。

生于路边。常见。

380　舌叶薹草（莎草科 Cyperaceae）

Carex ligulata Nees

多年生草本。秆丛生，锐三棱状，上部生叶，下部具紫红色、无叶的鞘。叶3列互生；叶片条形，边缘粗糙。小穗5～7枚，顶生者雄性，线形，淡锈色，侧生者雌性，狭圆柱形；雌花鳞片背部中脉绿色，两侧淡锈色；果囊钝三棱状，脉不明显，密被糙硬毛；柱头3。小坚果椭圆球形，三棱状。

生于路边林缘或沟边。常见。

381 花葶薹草（莎草科 Cyperaceae）

Carex scaposa C. B. Clarke

　　多年生草本。秆散生，钝三棱柱形，疏被短粗毛。叶基生；叶片椭圆状披针形，先端短渐尖，基部渐狭，常被短粗毛。圆锥花序复出；花序轴和分枝密被短粗毛和锈点线；小穗多数，卵形，雌雄顺序；雌花鳞片褐黄色，具密的锈点线；果囊钝三棱形，密生锈点线。小坚果卵状椭圆球形，三棱状。

　　生于林下或林缘。较常见。

382 截鳞薹草（莎草科 Cyperaceae）

Carex truncatigluma C. B. Clarke

多年生草本。秆侧生，三棱柱形，基部具暗褐色呈纤维状分裂的叶鞘。叶3列互生；叶片狭长条形，革质。小穗4～6枚，顶生者雄性，狭圆柱形，侧生者雌性，线状圆柱形；雌花鳞片黄色；果囊钝三棱形，具多条细脉，被短柔毛；柱头3。小坚果瓶形，三棱形，喙粗。

生于林下。常见。

383 碎米莎草（莎草科 Cyperaceae）

Cyperus iria L.

一年生草本。秆丛生，三棱形。叶基生；叶片狭长条形。聚伞花序复出，少为简单；穗状花序卵形或长圆状卵形；小穗多数，长圆形或披针形；鳞片绿色，3～5条脉，先端不明显短尖；雄蕊3枚；柱头3。小坚果倒卵球形或椭圆球形，三棱状。

生于路边、草丛或荒地。常见。

384 水蜈蚣 （莎草科 Cyperaceae）

Kyllinga brevifolia Rottb.

多年生草本。秆散生，扁三棱状。叶片狭长条形，前缘和背面上部中脉上稍粗糙。穗状花序单生，近球形或卵状球形，淡绿色，顶生；小穗多数，长椭圆形或长圆状披针形；鳞片淡绿色，5~7条脉，先端延伸成外弯的突尖；雄蕊3枚；柱头2。小坚果倒卵状长圆球形，扁双凸状。

生于路边或沟边。常见。

385 **类头状花序藨草**（莎草科 Cyperaceae）

Trichophorum subcapitatum（Thwaites et Hook.）D. A. Simpson

多年生草本。秆密丛生，近于圆柱形。无秆生叶，基部具5或6枚叶鞘，顶端具很短的叶片；叶片钻形，边缘粗糙。蝎尾状聚伞花序；小穗2～4枚，卵球形或长圆球形；鳞片麦秆黄色或棕色，有时具短尖；雄蕊3枚；柱头3。小坚果长圆球形或长圆状倒卵球形，三棱状。

生于沟边石上。常见。

莎草科常见种分种检索表

1. 小穗具多数两性花;先出叶边缘不合生。

    2. 苞片鳞片状;鳞片螺旋状排列;小坚果具6条下位刚毛 ………………………………
………………………………………… 类头状花序藨草 *Trichophorum subcapitatum*

    2. 苞片叶状;鳞片2列排列;小坚果无下位刚毛。

        3. 小穗排列成复出的聚伞花序,含6至20余朵花 ………… 碎米莎草 *Cyperus iria*

        3. 小穗排列成近球形,仅具2朵花 ………… 水蜈蚣 *Kyllinga brevifolia*

1. 花单性;小坚果为先出叶边缘合生所形成的果囊包围。

    4. 叶二型,基生叶椭圆状披针形;小穗多数,排列成圆锥花序 … 花葶薹草 *Carex scaposa*

    4. 叶一型,长条形或狭长条形;小穗少数或多数,排列成总状。

        5. 小穗两性,雄雌顺序,多数;柱头2,果囊和小坚果平凸状 … 栗褐薹草 *Carex brunnea*

        5. 小穗2~7枚,单性;柱头3,果囊和小坚果三棱状。

            6. 果囊具糙硬毛;小坚果顶端无喙 ………… 舌叶薹草 *Carex ligulata*

            6. 果囊被短柔毛;小坚果顶端具喙,或扩大成环盘。

                7. 叶片宽8~10mm,革质;侧生雌小穗长圆柱形;小坚果具粗壮的喙 …………
……………………………………… 截鳞薹草 *Carex truncatigluma*

                7. 叶片宽2~4mm,草质;侧生小穗短圆柱形;小坚果顶端扩大成环盘 ………
………………………………………… 青绿薹草 *Carex breviculmis*

386 一把伞南星（天南星科 Araceae）

Arisaema erubescens（Wall.）Schott

多年生草本。具块茎。叶片放射状分裂，先端长渐尖，呈丝状，基部狭窄。佛焰苞绿色，背面有清晰的白色条纹，或紫色面而无条纹；肉穗花序单性；雄花序的雄花有雄蕊2～4枚。浆果球形。

生于林下或林缘。常见。

387 **滴水珠**（天南星科Araceae）

Pinellia cordata N. E. Br.

多年生草本。具块茎。叶片长圆状卵形、长三角状卵形或心状戟形，先端长渐尖或有时呈尾状，基部深心形，全缘。佛焰苞绿色、淡黄紫色或青紫色；肉穗花序两性；花单性；雄花有雄蕊2枚。

生于石壁潮湿处。较常见。

388 半夏（天南星科 Araceae）

Pinellia ternata（Thunb.）Ten. ex Breitenb.

多年生草本。具块茎。幼苗叶片卵心形至戟形，全缘；成长植株叶片三全裂。佛焰苞绿色；肉穗花序；雄花有雄蕊2枚。浆果卵圆形。

生于路边草丛。常见。

389 杜若（鸭跖草科 Commelinaceae）
Pollia japonica Thunb.

多年生草本。叶片椭圆形或长圆形，稀披针形，先端渐尖，基部渐狭成柄状，两面微粗糙。圆锥花序由疏离轮生的聚伞花序组成，顶生；花两性；花瓣白色，稍带淡红色；雄蕊全育，有时其中3枚略小，稀其中1枚不育。果为浆果状，圆球形或卵形。

生于沟边林下。较常见。

390 **薤头**（百合科 Liliaceae）

Allium chinense G. Don

多年生草本。鳞茎卵球形，数枚聚生。
叶数枚，无柄；叶片三棱状或五棱状狭长条
形。伞形花序近半球形，具多数松散的
花；总苞片膜质，2裂；花淡紫色至暗紫
色；花被片6枚，基部合生，内轮较外轮
稍长；雄蕊生于花被片基部，花丝基
部扩大，扩大部分每侧具齿。蒴果具
3条棱。

生于路边或田边。常见。

391 **天门冬**（百合科 Liliaceae）

Asparagus cochinchinensis（Lour.）Merr.

多年生草本。根状茎粗短，具膨大成肉质的根。茎攀援。叶退化成鳞片状，
膜质。花小，2或3朵簇生于叶腋，单性，雌雄异株；花淡绿色。浆果圆球形。
生于路边灌丛。少见。

392 **少花万寿竹**（百合科Liliaceae）
Disporum uniflorum D. Baker

　　多年生草本。根状茎肉质。叶互生；叶片薄纸质至纸质，卵形、椭圆形、长圆形或披针形，先端急尖至渐尖，基部圆形或宽楔形。伞形花序着生于茎和分枝的顶端，花单生，或数朵；花被片6枚，黄色或黄绿色，内面常有短柔毛；雄蕊着生于花被片基部。浆果近圆球形。

　　生于路边草丛、山坡或林缘。较常见。

393 紫萼（百合科 Liliaceae）

Hosta ventricosa（Salisb.）Stearn

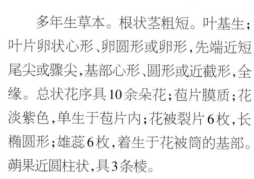

多年生草本。根状茎粗短。叶基生；叶片卵状心形、卵圆形或卵形，先端近短尾尖或骤尖，基部心形、圆形或近截形，全缘。总状花序具10余朵花；苞片膜质；花淡紫色，单生于苞片内；花被裂片6枚，长椭圆形；雄蕊6枚，着生于花被筒的基部。蒴果近圆柱状，具3条棱。

生于沟边潮湿处。常见。

394 野百合 (百合科 Liliaceae)

Lilium brownii F. E. Br. ex Miellez

多年生草本。鳞茎近圆球形。叶互生；叶片条状披针形至披针形，基部渐狭成柄状，边缘有小乳头状凸起。花单生，或数朵排列成顶生近伞房状花序，乳白色，喇叭形，稍下垂；叶状苞片披针形；花被片6枚，2轮；雄蕊6枚，花丝中下部密被柔毛。蒴果长圆柱形。

生于沟边或路边乱石块中。较常见。

395 阔叶山麦冬（百合科 Liliaceae）

Liriope muscari (Decne.) L. H. Bailey

多年生草本。根状茎粗短，木质。叶基生；叶片宽长条形，边缘仅上部微粗糙。总状花序具多数花；花紫色或紫红色；花被片6枚；雄蕊6枚，着生于花被片基部；子房上位。蒴果，近球形。

生于林下或沟边林缘。较常见。

396 华重楼（百合科 Liliaceae）

Paris polyphylla Sm. var. *chinensis*（Franch.）H. Hara

多年生草本。根状茎细长，不等粗。叶6～8枚轮生于茎顶；叶片长圆形、倒卵状长圆形或倒卵状椭圆形，先端渐尖或短尾尖，基部圆钝或宽楔形，全缘。花单生于茎顶；花被片4～7枚，外轮叶状，内轮宽线形；雄蕊基部稍合生；子房具棱，花柱分枝。蒴果近圆球形，具棱，背室开裂。种子具红色肉质假种皮。

生于林下阴湿处。少见。

397 多花黄精（百合科 Liliaceae）

Polygonatum cyrtonema Hua

多年生草本。根状茎念珠状。叶互生；叶片椭圆形至长圆状披针形，先端急尖至渐尖，平直，基部圆钝。伞形花序腋生，具2～7朵花；花序梗常短于花梗；花绿白色；花被裂片6枚；雄蕊6枚，着生于花被筒中部，花丝顶端囊状。浆果近圆球形。

生于林缘或林下。常见。

398 长梗黄精（百合科 Liliaceae）

Polygonatum filipes Merr. ex C. Jeffrey et McEwan

　　多年生草本。根状茎结节状。叶互生；叶片椭圆形至长圆形，先端急尖，平直，基部圆钝，下面脉上有短毛。伞形花序腋生，具2～4朵花；花序梗远长于花梗，丝状；花绿白色；花被裂片6枚；雄蕊6枚，着生于花被筒中部。浆果近圆球形。

　　生于路边或林缘。常见。

399 菝葜（百合科 Liliaceae）

Smilax china L.

　　木质攀援灌木。根状茎粗短。叶互生；叶片厚纸质至薄革质，近圆形、卵形或椭圆形，先端凸尖至骤尖，基部宽楔形或圆形，有时微心形，全缘；叶柄具卷须，脱落点位于卷须着生处。伞形花序；花黄绿色；雄花花被片6枚，雄蕊6枚；雌花花被片6枚，具退化雄蕊6枚。浆果圆球形。

　　生于路边、林缘、林下或灌丛。常见。

400 土茯苓（百合科 Liliaceae）

Smilax glabra Roxb.

　　常绿攀援灌木。根状茎块根状；地上茎无刺。叶互生；叶片革质，长圆状披针形至披针形，先端骤尖至渐尖，基部圆形或楔形，全缘；叶柄具卷须，脱落点位于叶柄顶端。伞形花序；花绿白色；雄花花被片6枚，具雄蕊6枚；雌花花被片6枚，具退化雄蕊3枚。浆果圆球形。

　　生于路边灌丛或林缘。常见。

401 **缘脉菝葜**（百合科 Liliaceae）
Smilax nervomarginata Hayata

　　常绿攀援灌木。根状茎粗短；地上茎具小疣状凸起。叶互生；叶片革质，长圆状披针形至披针形，先端渐尖，基部近圆形，全缘；叶柄具卷须，脱落点位于叶柄顶端。伞形花序；花紫色；雄花花被片6枚，具雄蕊6枚；雌花花被片6枚，具退化雄蕊6枚。浆果圆球形。

　　生于路边或灌丛。较常见。

402 油点草（百合科 Liliaceae）

Tricyrtis macropoda Miq.

多年生草本。茎单一。叶互生；叶片卵形至卵状长圆形，先端急尖或短渐尖，基部圆心形或微心形而抱茎，边缘具短糙毛，上面有时散生油迹状斑点。二歧聚伞花序顶生兼腋生，花疏散；花被片6枚，绿白色或白色，内面散生紫红色斑点；柱头三裂，每一裂再二分枝。蒴果长圆柱形。

生于路边林缘或路边草丛。常见。

百合科常见种分种检索表

1. 小枝退化成刚毛状;叶退化成鳞片状 …………………… 天门冬 *Asparagus cochinchinensis*
1. 枝、叶均发育正常,不退化。
  2. 植物体具葱蒜味;叶片三棱状或五棱状;伞形花序 …………… 薤头 *Allium chinense*
  2. 植物体无葱蒜味;叶片扁平;花单生或排成各式花序。
    3. 木质攀援植物;叶柄具卷须。
      4. 茎具发达的皮刺;叶片脱落点在卷须着生点处 …………… 菝葜 *Smilax china*
      4. 茎无刺,或具小疣凸;叶片脱落点在卷须着生点的上方。
        5. 叶片具3条主脉;花序梗明显短于叶柄 …………… 土茯苓 *Smilax glabra*
        5. 叶片具5或7条主脉;花序梗明显长于叶柄 缘脉菝葜 *Smilax nervo-marginata*
    3. 多年生草本;叶柄无卷须。
      6. 叶基生,茎生叶不发达。
        7. 叶片宽长条形;植物具根状茎;花序具多数花,花被长不超过6mm …………
           …………………………………………… 阔叶山麦冬 *Liriope muscari*
        7. 叶片卵状心形、卵圆状或卵状;植株无根状茎;花序具10余朵花,花被长超过
          5cm …………………………………………… 紫萼 *Hosta ventricosa*
      6. 叶茎生。
        8. 叶互生。
          9. 植株具根状茎;花被长不超过5cm。
            10. 花被片离生或近基部合生;雄蕊着生于花被片基部。
              11. 花多朵组成二歧聚伞花序;花柱3裂,每一裂片再二分枝,密被腺
                毛;蒴果 ………………… 油点草 *Tricyrtis macropoda*
              11. 花单生,或几朵集生于茎顶;花柱2裂,无腺毛;浆果 …………
                …………………… 少花万寿竹 *Disporum uniflorum*
            10. 花被片合生至中部以上;雄蕊着生于花被筒中部。
              12. 叶片两面无毛;花序梗短于花梗;花丝顶端膨大成囊状 …………
                ………………… 多花黄精 *Polygonatum cyrtonema*
              12. 叶片下面沿脉被短毛;花序梗远长于花梗,细丝状;花丝顶端不膨
                大 …………………… 长梗黄精 *Polygonatum filipes*
          9. 植株具鳞茎;花被长10cm以上,喇叭形 ………… 野百合 *Lilium brownii*
        8. 叶轮生;花被片2轮,二型 …… 华重楼 *Paris polyphylla* var. *chinensis*

403 ## 黄独（薯蓣科Dioscoreaceae）
Dioscorea bulbifera L.

多年生缠绕草本。单叶互生；叶片宽卵状心形至圆心形，先端尾尖，基部心形，全缘。花单性，雌雄异株；花被紫红色；雄花序穗状，单生或簇生，有时再排列成圆锥花序；雄花单生，雄蕊6枚，全育；雌花序穗状，常簇生；雌花单生，具退化雄蕊6枚。蒴果三棱状长圆形。

生于路边草丛或灌丛。常见。

404 ## 尖叶薯蓣（薯蓣科Dioscoreaceae）
Dioscorea japonica Thunb.

多年生缠绕草本。单叶互生；叶片纸质，长三角状心形至披针状心形，先端渐尖，基部心形至箭形，有时近平截，全缘。花单性，雌雄异株；花被淡黄绿色；雄花序穗状，单生或簇生；雄花具雄蕊6枚；雌花序穗状；雌花具退化雄蕊6枚。蒴果三棱状扁球形。

生于路边、灌丛或林缘。常见。

405 小花鸢尾（鸢尾科 Iridaceae）
Iris speculatrix Hance

多年生草本。植物基部围有棕褐色老叶纤维及鞘状叶；基生叶叶片剑形或条形，先端渐尖，基部鞘形。花蓝紫色或淡蓝色；外轮花被有深紫色环形斑纹，中脉上具黄色鸡冠状附属物。蒴果椭圆球形。

生于林下或林缘。较常见。

406 蘘荷（姜科 Zingiberaceae）
Zingiber mioga（Thunb.）Roscoe

多年生草本。根状茎不明显，根末端膨大成块状。叶片披针形或披针状椭圆形，先端尾尖，基部楔形，两面无毛，或下面中脉基部被稀疏的长柔毛。穗状花序椭圆形；苞片椭圆形，淡红色，并具紫色条纹；花冠裂片披针形，后方1片较宽；侧生退化雄蕊与唇瓣合生。蒴果倒卵球形。

生于林下潮湿处。常见。

407 **金线兰**（兰科Orchidaceae）

Anoectochilus roxburghii（Wall.）Lindl.

多年生草本，土生。具匍匐根状茎，地上茎上部直立。叶片卵圆形或卵形，基部圆形；叶柄基部扩展抱茎。总状花序疏生花2～6朵；苞片淡红色，卵状披针形；花白色或淡红色；萼片外面被柔毛，中萼片卵形，向内凹陷，侧萼片卵状椭圆形，稍偏斜；花瓣近镰刀状；唇瓣前端二裂，呈"Y"字形，裂片狭长条形；子房长圆柱形。

生于腐殖质丰富的林下。少见。

408 广东石豆兰（兰科 Orchidaceae）

Bulbophyllum kwangtungense Schltr.

匍匐草本,附生。叶片革质长圆形,基部渐狭成楔形,具短柄,有关节。总状花序短,呈伞状,具2~4朵花;花淡黄色;萼片长条状披针形,近同型;花瓣狭披针形,长渐尖,全缘;唇瓣对折,唇盘上具4条褶片。蒴果长椭圆球形。

附生于树上。少见。

409 齿瓣石豆兰（兰科 Orchidaceae）

Bulbophyllum psychoon Rchb. f.

附生草本。具长而匍匐的根状茎。叶片倒卵状披针形或椭圆状披针形，先端钝，基部渐狭成短柄。总状花序缩短成伞状，顶生，具2～6朵花；花白色；中萼片椭圆形，侧萼片狭卵状披针形；花瓣卵形，边缘流苏状；唇瓣戟状披针形，弯曲。蒴果椭圆球形。

附生于石上。多见。

410 多花兰（兰科 Orchidaceae）

Cymbidium floribundum Lindl.

多年生草本，土生。叶丛生；叶片带形，先端稍钩转或尖裂，基部具明显关节，全缘。总状花序具多数花；花红褐色；萼片近同型；花瓣长椭圆形；唇瓣卵状三角形，3裂，唇盘有2条平行褶片。蒴果长椭圆球形。

生于林下或林缘。较常见。

411 斑叶兰（兰科 Orchidaceae）

Goodyera schlechtendaliana Rchb. f.

多年生草本，土生。叶互生；叶片卵形或卵状披针形，先端急尖，基部楔形，全缘；叶柄基部扩大成抱茎。总状花序顶生，具数朵花，偏向一侧；花序轴被柔毛；花白色或带红色；中萼片与花瓣合生成兜状，侧萼片卵状披针形；花瓣倒披针形；唇瓣基部囊状，内有稀疏刚毛；子房扭曲。

生于林下或路边岩石上。常见。

412 ## 细叶石仙桃（兰科 Orchidaceae）

Pholidota cantonensis Rolfe

匍匐草本，附生。假鳞茎疏生于根状茎上，卵形至卵状长圆形。叶片革质，线状披针形，基部收狭为短柄。总状花序具10余朵排成2列的花；花小，白色或淡黄色；萼片近相似，椭圆状长圆形，离生；花瓣卵状长圆形；唇瓣兜状，唇盘无褶片。蒴果椭圆球形。

附生于石壁上。少见。

413 小花蜻蜓兰（兰科Orchidaceae）

Tulotis ussuriensis（Regle et Maack）H. Hara

多年生草本，土生。根状茎肉质；地上茎直立，通常较纤细。叶着生于茎下部，向上渐小成苞片状，基部具壳状鳞片；叶片狭长椭圆形或倒披针形，基部呈长鞘状抱茎。总状花序疏生多数花，中萼片宽卵形，侧萼片卵状椭圆形；花瓣狭长圆形；唇瓣长条形，3裂。

生于路边石上。较常见。

拉丁名索引